猫おばさんのねがい

——負けられない、——やめられない。

中川智保子

クロ子

ハート出版

まえがき

十年間「猫おばさん」として、野良猫に餌《えさ》を与えてきた者の立場から見てきた、「野良猫の世界」を書きました。

世間で忌《い》み嫌われている野良猫たちが、どんなに立派なルールにのっとった生き方をしているか、人間が馬鹿《ばか》にしている野良猫たちが、どんなに仁義と礼節を重んじて生きているかを知りました。

猫たちは、年をとると自ら自分の身を処して死んでゆくこと、また増え過ぎると病気などで一族の数を調整すること、母親は子猫に餌の食べられる所を教えると自分は去ってゆくこと、自分の生んだ子の中から強い子だけを選んで残して後は見殺しにすること……などなど。

その潔《いさぎよ》い生き様を、見事なニャン生（人生）を、その素晴しい生き方を、知っていただきたいと思います。

猫たちの上に訪れる「伝染病」、あるいは「猫さらい」「毒殺」など数々の迫害。餌を与える側にも迫る、さまざまな弾圧。

その中で野良猫たちが、どんなに立派に生きたかを、ぜひ世間のみな様に分かっていただきたいと思います。

大人になる前の子供たちにも、読んでほしいと思います。そして野良猫たちに、理解と愛情を持って下さい。

毎晩、餌を持って行った時に、野良猫のボス「三本足の三吉《さんきち》」とする会話を通して著しました。

生まれ故郷である信州の情景描写や、創作民話などを織り込みながら、またタヌキやガマガエルなどと実際に共存している猫たちの有様も写し出しました。

猫おばさんからのお願いです。

一生懸命に生きている野良猫たちを、好きになって下さい。

中川智保子

猫おばさんのねがい★もくじ

三吉

お月さまの巻　133

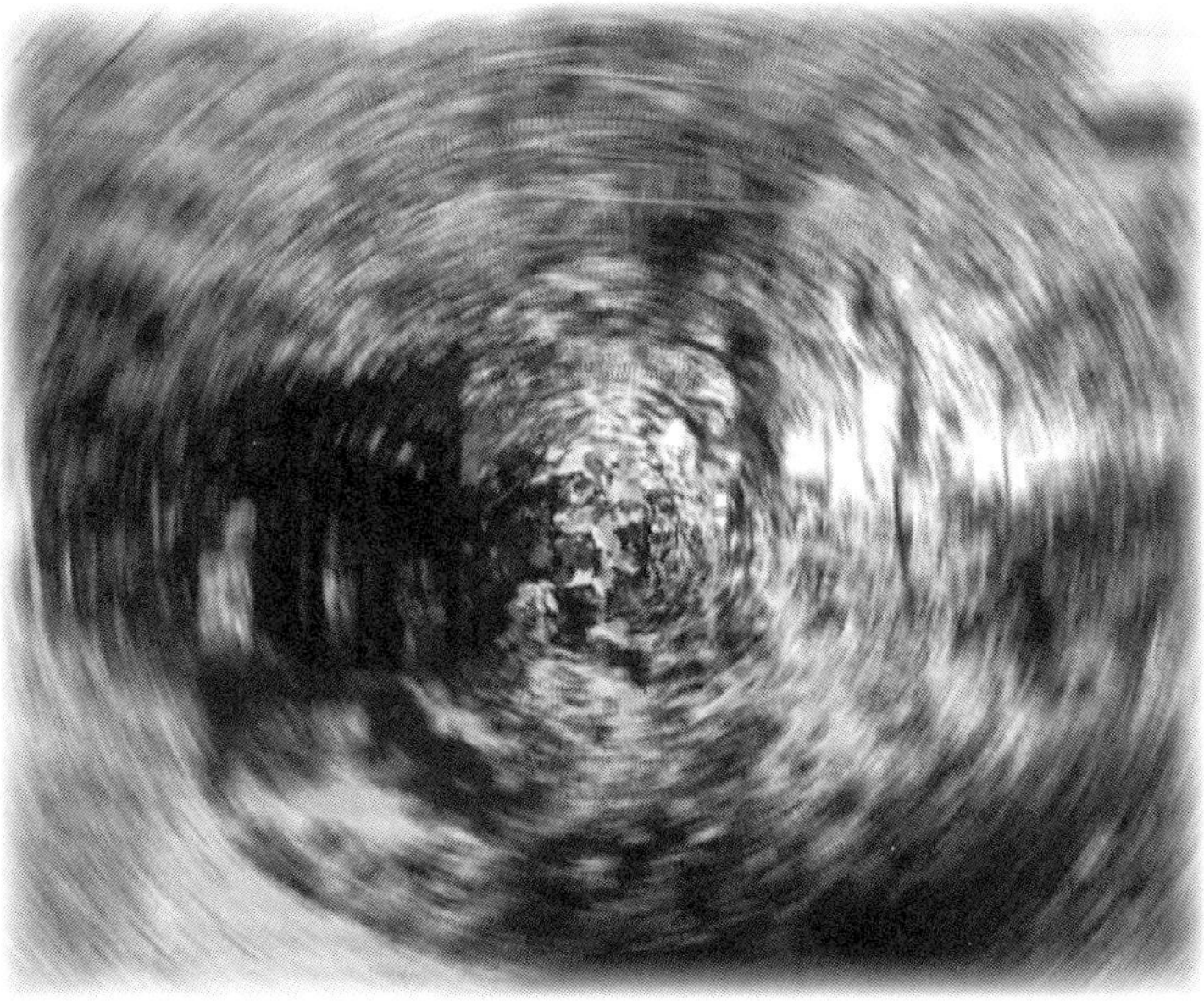

物語の舞台“幽霊屋敷”(写真は加工してあります)

バラの花の巻

俺の住みかは幽霊屋敷

「ボツボツ行かなければいけないな」と、三吉は呟《つぶや》いた。

「トビ太」も「キクチャン」も「アネチャン」も出かけて行ったし、俺ももう十年以上も生きた。野良猫としては長く生きたもんだ。もう後輩に道をゆずる時が来た。

われわれの世界では、みんなそうやって次の世代にゆだねて去って行く。それが野良猫の世界の掟《おきて》だからだ。

「こうしてここにボスとして君臨して長い時がたつなあ」

三吉は改めて周りを見まわした。

所は、神奈川県は川崎市の多摩区、私立大学のおひざもとさ。そしてその名は、壊れかけたアパートの、泣く子も黙る「幽霊屋敷」。

「振り返ってみれば、自分は野良猫としては幸せだったなあ」と、三吉は思った。

しかし、すべてがそうだったわけではない。地獄の底に突き落とされた時期もあった。幽霊屋敷の最後の住人である卒業間近の大学生が俺を飼ってくれた。ところが俺は、交通事故に遭って後ろ足を一本失ってしまった。大学生はそんな俺を置き去りにして、卒業と同時に越して行ってしまった。もともと飼ってくれたというよりは、男のいいかげんさで、勝手に居候《いそうろう》させてくれただけかも知れない。だからあっさり俺を置いて行ったのだ。

俺は主人を失い、足を失い、生きる術《すべ》を失った。

ここは広い本道でもない、両側に家のある脇道だ。そこを車があんな猛スピードで通り抜けて行くとは。

声を出すこともできない。体を動かすこともできない。気の遠くなるような激痛の中で、早く死んで楽になりたいと思っていた。かえってあまりの苦しさが俺を生かしておいてくれたのかも知れない。

何も食べる物もない、飲む水もない、助けも呼べない、人目のある所へ這《は》って行くこともできない。

でも、そんな俺を助けてくれたのは、中学生か高校生くらいの女の子たちだった。彼女たちは髪を金色に染め、引きずるような長いスカートをはいて、この無人となった幽霊屋敷でシンナーを吸っていた。

「フザケンジャネェヨ」「アノ先公ムカツク」「アイツ生意気ダ、ヤキ入レテヤル」などと言っていた。

だが、俺を見つけると、医者に連れて行ってくれた。毛布に包んで寝かせてくれ、水と食べ物も持って来てくれた。

俺は朦朧《もうろう》とする意識の中で、どのくらい飲まず食わずでいたのかも分からないが、やっと牛乳を二口、三口なめることができた。俺はそうして次第に元気になっていった。

動物が人を見るときは、外観で見ない。人の本質を本能で見る。

俺を見て、「キャー、ナニあの三本足の大きな猫。顔なんかフットボールくらいある。あのイヤな目つき、あれは化《ば》け猫だー」と逃げて行った女の子もいた。

「なに言ってるんだ。自分の方こそ、あんな冷たい目つきで」と、俺は思った。

餌をくれるから良く見えるのでもない。俺たち猫族から見ると、あの茶髪の暴走族の女の子たちの方が、どんなに良く見えることか。

今でこそ、あんななりをしているが、あの子たちは心の中に温かいものを持っている。きっと立派な大人になるだろうと俺は思っている。

毎晩やって来る猫おばさん

俺は「猫おばさん」にこの話をした。

猫おばさんとは、俺たちに毎晩、ごはんを持って来てくれるおばさんのことだ。

俺が猫おばさんを知ったのは、元気になって、外を三本足で歩けるようになってからだ。

おばさんは俺を見ると、「まあ、かわいそうに、足をどうしたの？」と近寄って来て、俺の頭をなでてくれ、ちょうど持っていたハムを食べさせてくれた。

いつも迫害され、追い払われている野良猫の俺たちは、人間を敵か味方かと、どちらかでみる。敵だったらすぐ逃げないといけない。さもないと生きぬいて行くことができない。悲しい野良猫の性《さが》だ。

俺はすぐに分かった。このおばさんは味方だと。

それから、俺とおばさんとの十年におよぶ長いつきあいが始まった。

おばさんは夜になると、「さんちゃん、みんな大丈夫だった?」と言って来てくれる。十年も前から毎日だ。おばさんは、台風が来ようが、雪が降ろうが、毎晩来てくれる。体の具合が悪く、倒れそうになる時もあるらしく、そんな時は、おばさんのダンナが来てくれる。俺たちから見ると「つがい」だ。良いつがいだ。

おばさんには娘さんが二人いるが、下の娘さんが高校生の時、〝横道〟にそれたそうだ。その娘さんが、夜バイクで流している時に見かけた子猫を「かわいそうだ」と、泣きながら拾ってきた。その子猫は「ドラチャン」と呼ばれていた。本名は「キャンディ」というらしいのだが、誰もそう呼ぶ者はいなくて、おばさんの家で十一年生きて、最後は糖尿病で死んだ。

その娘さんは、今では親孝行な、おばさんが産んで良かったと心から思える人になってくれた。

「あの横道にそれた時期が、あの子に強く生きて行く力を与えたんじゃないか。さんちゃんも地獄の底を経験したから、こんな立派なボスになったのね」

と、おばさんは言った。

おばさんが猫おばさんになった理由

俺はおばさんに聞いてみた。

「おばさん、どうしてここに来るようになったの？」

それはね。偶然ここを通りかかったら、黒い子猫が二匹、飢え死にしかかっていた。急いで家にとって帰り、餌を持って来てあげた。次の日、心配で来てみたら、まだいた。それから毎日来るようになったと言った。

その子猫は、「クロ子」と「クロ夫」のことだな。「シロクロ」の子だ。あの一族は弱い系統で、生き残ることはできなかった。

強い奴《やつ》らから馬鹿にされ、いつも追い払われていたが、そんな奴らより、よっぽど上等な一族だった。こうして後に「猫おばさん」を残して行ってくれたからだ。

われわれの世界ではそういうことが、ままある。自分を犠牲《ぎせい》にして、次の世代に繋《つな》いで

いってくれるのだ。

「シロクロ、ありがとう」

猫語がわかるおばさん

おばさんは餌を持って来ると、いつも俺たちが食べる間、そばにいて見ていてくれる。そして食べ終わると、後始末をして帰って行く。その待っている間にいろんな話をしてくれる。俺もまた、おばさんにいろいろ話をした。こうして俺とおばさんとの夜毎の話し合いが始まった。

俺の話はこうなる。

「ニャーのニーでニャーゴだぜ」

人はそんな俺を見たら、まさしく化け猫だと思うことだろう。俺がそう言うと返ってきたおばさんの返事がふるっている。

「おばさんも周りでは馬鹿か変人と思われている。だから私たちは良いコンビね」

また、こうも言った。

「おばさんも輪廻《りんね》の世界では猫だったんじゃないかしら。だから猫語はだいたい分かる」

俺たちにもまた、おばさんの言葉はよく分かった。

それゆえ、俺とおばさんとの話し合いは、まったく不自由はしなかった。

シロクロ一族の小さなクロ子

われわれ野良猫には、厳しい「しきたり」がある。
子孫を残すために、強い者が弱い者を追い払うのだ。
シロクロ一族は弱いがゆえに、悲しい末路をたどっていった。雌《めす》のシロクロには四匹の子供がいた。クロ子とクロ夫のほかに「太郎」と「四郎」だ。シロクロ一族はみんな白と黒の色合いだ。たぶん、シロクロの相手も同じ色合いなのだろう。太郎は黒が多く、四郎は白が多い模様だった。
猫の母親は子供を餌がもらえる所に連れて来て教える。そして子供が一人でそこに来られるようになると、自分はそこを去ってゆく。自分までいて子供にわたる餌の量が減るのを防ぐためだ。自然界では絶対的に餌の量が少ないことを知っているから、母親のシロクロも子供を置いてここを去った。またそれは、子供の自立をうながす意味も込めている。

おばさんがこんな話をしてくれたことがある。

弱って丸まっている猫のそばを通りかかった。おばさんはいつも猫の餌を持っているからそれをあげたが、その猫は食べなかった。病気なのかと心配してしばらく見ていたら、その猫の後ろ足のところから、同じ黒と白の柄《がら》の子猫が出てきて、それを食べた。そっくりの色合いでくっついていた小さな子だったので分からなかったのだ。母猫はお腹をすかしている様子だったのに、子供に食べさせるために自分は食べなかったのだ。おばさんは急いで近くのコンビニに行って猫の餌を買って来て母猫にも食べさせてやった。

太郎と四郎は、この幽霊屋敷の前にあるアパートで食べ物をもらって生きていた。クロ子とクロ夫は弱いがゆえに、強い猫たちに追い払われて食べることができず、飢え死にするところを猫おばさんに助けられた。

だが、クロ夫は俺と同じように交通事故に遭ってしまい、死んだ。車は俺たちから見ると「殺猫兵器」だ。周りなんか気にもせず猛スピードで突っ込んで来る。だいたいは生後一年以内の経験の浅い猫たちがやられた。俺も生まれてから一年以内で事故に遭った。

体格も小さく気も弱いクロ子は、一匹でここに残された。悪猫どもはそんなクロ子を見つけるといつも追い払った。

でもクロ子はこの幽霊屋敷のどこかに隠れて、おばさんが来るのだけを待って生きていた。おばさんは来るといつも「クロ子ー、クロ子ー」と呼んで探して食べさせていた。

小さなクロ子は、ほかの猫たちにやられて全身傷だらけになりながらも生きていた。

子猫を生き延びさせる秘訣

俺はクロ子を見かけると声をかけてやった。
「小さなクロ子、ガンバレー」
雄《おす》の身で雌《めす》をやっつけるなんて、とんでもないことだ。俺は雌をやっつけたことはない。
クロ子は、俺と一緒だと大丈夫だと分かり、幽霊屋敷やとなりの駐車場を、俺の後ろについて散歩するようになった。

また、太郎や四郎がやって来ると、大喜びで飛んで行ってお互いに舐《な》め合っていた。猫は自分の親や兄弟、従兄《いとこ》をちゃんと覚えている。母親が教えるからだ。「リュウ」や「ワコ」「クミ」などは、クロ子を見つけると目の仇《かたき》のように追っかけた。クロ子は彼らの半分の大きさしかないのに。

白状しなければいけない。彼らは、俺の子供たちなんだ。俺の女房アネチャンとの子供だ。アネチャンもまた俺と同じように、大学生に置いていかれた猫だった。俺とアネチャンは、同じような境遇ゆえに親しくなったのだ。このように、大学生の一人暮らしのアパートが多い所では、そういう猫が多い。無責任な飼い方をする。置いていかれた猫の方はどんなに心細く、悲しい思いをすることか。

リュウは俺に似て、体格のよい大きな雄猫だ。白っぽいトラ模様でちょっと目立つ存在なので、人間に「うちの子にしよう」と連れて行かれたことがある。しかしリュウは、二週間でその家の二階の窓から逃げ出して、無事ここまで戻って来た。

ワコは白くて、シッポと耳と手足の先に少し黒があるきれいな雌猫だ。そのため、みんなからチヤホヤされて少しいい気になっていた。

クミは灰色の無地で、目がグリーンのこれまたきれいな雌猫だ。

俺はグレーのしま模様で、アネチャンは背中はグレーのしま模様だがお腹は白い美猫だった。そのため、俺とアネチャンとの子供たちは、自分でいうのもなんだが、きれいな目立つ猫たちだった。俺も結構、親バカだな。

アネチャンは雌猫たちの姉御《あねご》だ。そのアネチャンが率先してクロ子を追い払う。しかし俺はそれをやめさせることができない。なぜなら、それが自分の一族を守るための非情な手段だからだ。

アネチャンは体格の良い雌猫だ。シロクロはそれに比べると小型だった。だからクロ子も小さいのだ。アネチャンは利口《りこう》で俺の子を何匹も産み、ちゃんと子育てをして世に送り出した。

だが、その子育てには秘密がある。あまり自慢して言えることではないのだが…。

一度にたくさんの子を産んでも、母猫はその中から二匹ないし三匹だけを選んで育て、残りの子は見殺しにする。そして選んだ子だけを確実に育てる。たくさんの子を育てようとして無理をして、みんな死に至らしめるより、強い子だけを残す方をとるのだ。

経験の浅い若い母親はそんなことはしない。そして結局みんな死なせてしまう。何回も出産して経験のある母親のすることだ。

野良猫を殺す権利はない

俺は時々、ニャン権（人権）の主張をしたくなる。

「なんだ、猫のくせに」とか、「たかが猫じゃないか」などと、よく言われる。俺はそのたびに、俺たちってそんなに取るに足らないものなんだろうかと、考えさせられる。

なんの価値もない、存在することも必要のない生き物なんだろうか。大部分の人間からは、顔さえ見れば「シー」と追い払われたり、石を投げられたりする。

そりゃあ、確かに俺たちは偉い発明もできない。世界を変えていくなんて大それたこともできない。

だが俺たちも、生きているんだ。生き物なんだ。そこのところを分かってもらうことはできないのだろうか。猫踊りをしたり、猫のコーラスをしたりして、自己主張をすること

はできない。だが、命を持った生き物であるという、それだけを認めてもらいたい。

人間が猫を殺しても、犯罪者にはならない。傷つけても、刑務所に入ることはない。そんな大人を見習って子供までが、同じことをする。

（※平成十六年六月施行の「改正動物愛護法」により、「愛護《あいご》動物をみだりに傷つけたり、殺してしまうと一年以下の懲役または一〇〇万円以下の罰金」に処されるようになった）

猫の分際で御託《ごたく》を並べたてるなと、一喝《いっかつ》されるのが関《せき》の山だ。猫に生まれた不運を嘆くしかないのだろうか。猫の中でも特に野良猫という不運を。

いつもいつもこんな目に遭っていると、猫自身もだんだん卑屈《ひくつ》になってくる。

おいしい物を食べる時は、それを誰にも取られないように遠くへ持っていって食べる。家猫はその場で食べているはずだ。

目つきも悪くなってくる。態度もヤクザっぽくなってくる。鳴き声もドスのきいた声になってくる。そして、「どうせダメなんだから」と、すぐにニャン生（人生）を投げてしまうようになる。

俺は紳士らしく、堂々と胸を張って生きたい。雌猫はかわいらしく、雄猫は格好よく、そんなにしていられる社会であってほしいと、しみじみ思う。

そんな犠牲になったのが、この地区に住む人間の、何とか委員に殺された太郎だ。

クロ子の兄弟の太郎は、何とか委員とやらに撲殺《ぼくさつ》された。いったい何とか委員というのは、何を根拠にどういう人を選ぶのだろう。この人は散歩をする時、いつも棒を持って歩き、猫を見ると棒でなぐりたおすのだ。

早朝、散歩をしていた老夫婦が、その場面を見ていた。おばあさんは、「なんとむごいことを」と言ったなり、あとの言葉がなかった。おじいさんは、「お天道様はお見通しだ。今に罰が当たるよ」と言っていた。

本人は正義のためと豪語しているが、それは正義感の履《は》き違えではないだろうか。

四郎は、身体の弱い子だった。何か持病を持っていて寒い冬を越すことができずに、少しでも暖かい所をと思ったのだろう。幽霊屋敷の部屋の押入れの中で死んでいた。

おばさんのダンナが、幽霊屋敷の隅に四郎を埋めてくれた。おばさんは線香を立て、燃えつきるまでクロ子といっしょにいた。寄り添ってともに痛みに耐えている一人と一匹の姿を、冬の射すように冷たい月の光が浮かび上がらせていた。

太郎も四郎も死んでしまった寒い冬が、やっと終わった。

こうしてクロ子は、身よりのない一匹になってしまった。

こわいのは雷とどしゃぶりの雨

夕方まで良い天気だったのに、空が突然、真っ暗になった。

ぽつぽつ、おばさんの来る時間なのに大丈夫かなと俺は空を見上げた。俺の心配をよそに、やっぱりおばさんは来てくれた。遠くから「さんちゃん」と言いながら歩いて来た。俺はホッとした。待っていたみんなは、おばさんの姿を見て喜んで物陰から出て来た。と、その時、爆弾でも落ちたような、ものすごい音がして雷がなった。ピカリピカリとあたりを浮き上がらせて、バケツをひっくり返したような激しい雨が降りだした。

猫たちはみんな一斉に逃げて行った。耳が敏感な猫たちにとって、雷の「ゴロゴロドカン」という音は、鼓膜の破れそうな大音響に聞こえる。雷は一時間以上も続いた。猫たちは恐ろしさに震えていた。

おばさんも餌を置いて急いで帰って行った。傘をしっかり握りしめて、小さい身体をさ

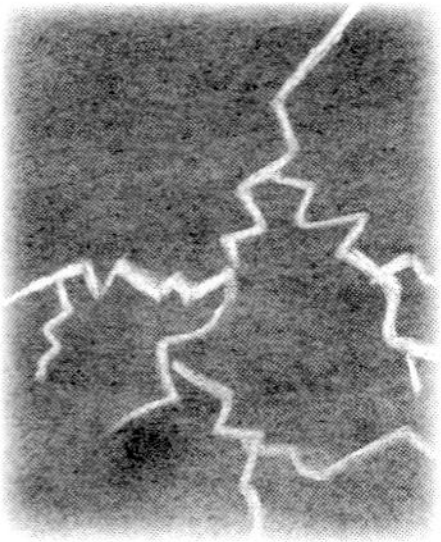

らに縮めて足早に去って行った。

雨があがった後、おばさんの置いていった餌はズブ濡れになっていた。おばさんは濡れない所を選んで置いていったのだが、容赦なく吹きこむ雨はそんなに生やさしくはなかった。それでもお腹の空《す》いている俺たちは、雨でふやけて飛び散ったごはんを食べた。雷のやんだ後も恐ろしさに出て来られず、食べられなかった猫も多かった。

「雷三日」というが、本当に雷はそれから三日も続いた。長い間ごはんにありつけなかった猫もずいぶんいた。

それでも、夏の雨はまだいい。濡れても体温を奪わないからだ。危険なのは冬の雨だ。おばさんの来る時間帯が、ちょうど昼と夜のはざまで、天気が変わる時間帯なのだ。風も強く吹き、雨も強く降る時だ。おばさんは「ごめんね」と言ったが、俺たちは分かっている。女のおばさんは、そんなに遅い時間に来るわけにはいかないからだ。雨がやむのをゆっくり待って来ることなどできないから。

ものすごい雷がなり、ドシャブリの雨の中を歩いているのは、おばさん一人だった。傘などさしていないも同然なほどビショヌレだったそうだ。俺たちの方が「ゴメンネ」と言いたい。

「こんなびしょ濡れの姿を見られたら、ますますおばさんを頭がおかしい酔狂《すいきょう》な人だと思う人がいるでしょうね」

と、おばさんは苦笑いして言った。

避妊手術はしかたない

ある日、おばさんはアネチャンを籠《かご》に入れて連れて行ってしまった。おばさんがわれわれに危害を加えるとは考えられないが、俺はやはり心配だった。

一週間たって戻って来たアネチャンは、避妊《ひにん》手術を受け、もう子供を産めなくなっていた。

「こうするのが一番いいのよ。かわいそうな猫を増やしたくないからね」

おばさんは、すまなそうに言った。

おばさんはワコもクミもクロ子も、自腹を切って手術を受けさせてくれた。幽霊屋敷の前のアパートの雌猫たちも手術をしてくれた。公園の雌猫も団地の中の雌猫もみんなだ。

俺はおばさんに聞いてみた。

「おばさん、俺たちの食べ物のほかに手術代までお金がかかって大変じゃないか」

「おばさんが死んでも、高い戒名《かいみょう》も葬式もなんにもいらない。そのお金をかわいそうな猫のために使ってほしいの。そしておばさんは、猫たちと同じように、誰にも知らせずにひっそりと、おばさんの故郷の信州の松本のお墓に入れてくれればいいの」

おばさんのこの思いを、つがいのダンナさんは承知してくれているそうだ。

おばさんが手術に母猫を連れていってる間、その子猫たちの面倒は、先に生まれた姉妹《きょうだい》や従姉《いとこ》たちがちゃんと見ている。また、おばさんも母猫を連れて行くのは、子猫が大丈夫な時期になるのを待ってから連れて行っている。

おばさんの昔話

俺は、寒い冬になると事故の傷跡の足が痛む。うずくまっている俺の目に涙がたまっているのをみて、おばさんはこんな話をしてくれた。

昔むかし、信州の山奥に「エエバア」というお化けがいたそうな。エエバアとは、良いおばあさんという意味です。

村の人たちは悩み事があると、エエバアの所へ行って打ち明けました。村人たちはエエバアに話をすると、身も心も軽くなって家路をたどるのでした。

一方のエエバアは、村人たちの悩みを身体にためて、どんどん、どんどん大きくなっていきました。とてつもなく大きくなったエエバアを見て村人たちは気味悪がり、誰もエエバアの所へ近づかなくなりました。それでエエバアは、どんどん、どんどん、小さくなって、終いには消えてしまいました。

村人たちは自分たちの非を悟り、みんなでエエバアを探しましたが、もうエエバアを見つけることはできませんでした。

その後、村人の上には、次々と不幸がおとずれたとさ。

「おばさんもエエバアのように、さんちゃんの苦痛を吸い取ってあげられたらよいのにね」

そう言って、おばさんは俺の頭をなでてくれた。

野良猫に餌をあげるべからず？

次の日やって来た、おばさんの目がつらそうだった。

「おばさん、どうしたの？」

「野良猫に餌をあげないで下さいって、回覧が回ってきたの」

みんな、おばさんが餌をあげているのを知っているから集中攻撃。おばさんの住んでいる団地には、「猫や犬を飼うべからず」という規則があるから、それを切り札に相手は強気。

おばさんは、次の日もつらそうだった。

おばさんがつらそうに帰って行くのを見て、俺は心配でおばさんの後をついて行った。

ところが、おばさんの家の近くで恐ろしい顔をした人が飛び出してきて、持っている傘で、わめきながら俺を追い払った。

俺たちには猫おばさんの言葉は分かる。だが、この人の言葉は、ブルドーザーが唸《うな》って

いるような不協和音で、何を言っているのか分からない。「あっちへ行け」と言っているのは確かだ。

そのものすごい剣幕に、俺は恐れをなして、三本足なのを忘れるくらいの早さで、逃げ帰った。

次の夜、俺はおばさんにことの顛末《てんまつ》を話した。

「そうなの。さんちゃん、すごいでしょう。おばさんも行き会うと、そのすさまじい雰囲気にギョッとするものね」

器量の善し悪しの問題じゃあない。内に持っているすさまじさが、あんなに顔に出ている人もめずらしい。

爪は武器、髭はアンテナ

猫は起きると、まず爪を研《と》ぐ。

爪は猫にとって一番の武器だから、とても大切にする。人間が爪きりで爪を切るように、猫も爪が伸びてくると、歯で食い切るように、引っ張って取る。爪を被《おお》っているのを剝《は》ぐから、爪の形通りの〝爪の皮〟みたいなのが落ちる。

臭《にお》う物に対面すると、その周りを爪で掻いて隠すようにナイナイする。もちろん攻撃する時は爪を使う。

その時の状況により、爪を出したり引っ込めたり、器用に使い分けている。しかも爪を出す時は、瞬間的にパッと出す。そしてパッと引っこめる。

人間には、そんな爪の使い方はできない。棒や石などの武器を持つことができない猫に、神様が与えてくれたものなのだろうか。猫は小さくて、弱い動物だ。身を守ることのできる、唯一といっていい武器が爪なのだ。

口の横にある髭《ひげ》は、よく生え変わる。爪といっしょに、髭も落ちる。

髭は伊達《だて》に格好づけとして生えているのではない。猫はその髭を、アンテナや物差しとして使っている。

狭い所を通る時には、髭で幅を計り、通れそうだと通ってゆく。髭がひっかかるところは無理だとあきらめる。空気の動きや、風の吹き具合なども、上向きに生えている髭で感じ取っている。

小さな猫の体にも、ただかわいいだけではなく、そんな能力が備わっているのだ。

俺がちょっと調子に乗って自慢げに話したら、

「さんちゃんの方がずっと身体能力が上だわね」

と、おばさんがほめてくれた。俺はうれしくなって、おばさんの手を舐めた。

「さんちゃん、ザラザラしてちょっと痛いよ」

そう言うおばさんの顔はうれしそうだった。

猫だんごで丸くなる

寒い日、猫たちは「猫ダンゴ」を作っている。小さい子を真ん中に入れて、大きい子が周りを囲んで寒さから守っている。姉妹たちが、そうやって協力して子育てを手伝っているのだ。

実をいうと、俺もその猫ダンゴの中に入りたい。俺の大きな体だったら、三匹くらい子猫を抱えこむことができる。

だが、アネチャンは絶対にそれを許してくれない。俺がそばに近づこうものなら「ハー、フー」と怒って突進して来て、爪でひっかく。

雄が猫ダンゴに参加できるのは小さいうちだけなのだ。後は子育てに係わるのは雌同士だけだ。雄は所在なさそうに、遠くから一匹ずつで、それを見ているだけ。

おばさんは、「雌猫は抱くと柔らかいが、雄猫は抱くと骨ばっていてゴチッと固い」と言う。それは、雄が戦うことができる体の象徴なのだ。

俺がつまらなそうにしているのを見て、

「だから、さんちゃん、遠くからでも、雌の猫ダンゴを敵から守っていてあげてね」

と、おばさんがやさしく言った。

雪の上に梅の花

「寒い、寒い」と思っていたら、外は一面の銀世界だった。

猫は濡れるのが嫌いだ。寒さから守ってくれる毛皮のコートが駄目になってしまうからだ。足の裏の肉球《にくきゅう》も、寒さには弱い。

俺たちは、童謡に歌われるように「炬燵《こたつ》で丸くなる」なんて、ぜいたくはできない。暖房もない寒い所で、ただじっと丸まっているだけだ。雪が降っている中を歩いて、餌を探しに行くこともない。すきっ腹をこらえて、出かけられるようになるのを待っている。だからよけい寒さが身にしみる。

真っ白い猫の「雪チャン」などは、雪に埋まったらどこにいるのか見分けがつかない。

雪の上に点々と残る梅の花のような足跡も、「寒いよー、冷たいよー」と、訴えているようだ。おばさんはそのかわいい足跡を見ると、ホロリとして悲しくなると言っていた。

また、この雪が凍った地面も歩きづらい。ツルツル滑るし、尖《とが》った氷が足に痛い。足の裏から痛いような冷たさが伝わってくる。

それでもお腹のすききった猫たちは、その氷の上を出て来る。長い間、何も食べられなかった猫たちはやっと食にありつけたのだ。

家の中にいて、ストーブの前のホットカーペットの上でお腹を上に向けて、「どうでも好きにしてくれ」状態でひっくり返っているうえに、「ここまで、ごはんを持って来て」と横着を決めこんでいる家猫たちに、おばさんは「あなたたち、いいかげんにしないさい」と、雷を落としたと言っていた。

寒さも雪も雨も風も、外猫にとっては、みんなつらいものだ。

雪チャンは控えめなおとなしい雌猫で、雪といっしょに溶けてしまったようだ。雪が降った次の日から姿が見えなくなってしまったのだ。きっと雪の女王が、美しい雪チャンを見染めて連れて行ってしまったのだろう。

雪の女王は、こんな罪深い悲しいお土産を置いて溶けていった。

おばさんとキクチャンの攻防

ある日、クミが一匹でどこかに出かけて行った。俺はだいたい想像がつく。たぶんキクチャンの所へ行ったのだろう。

キクチャンも子育てが上手で、産んだ子を立派に育て上げる。この幽霊屋敷のほかにどこか、安全で子供を育てられる場所を持っているのではないか。

おばさんは言っていた。

「なんとかキクチャンを捕まえて避妊手術をしてあげたいんだけど、どうしても捕まえられないの」

あの手この手と試してみるが、敵もさるもの。捕まえようとすると藪の向こう側に行ってしまう。おばさんは藪の下などはくぐれないから、遠回りして向こう側へ行くと、また下を抜けてこちら側へ来てしまう。

おばさんが助《すけ》っ人《と》を頼んだら、初めからキクチャンは姿を見せない。籠《かご》を知っているようなので、檻《おり》を使ったり、ダンボール箱にしてみたり、食べ物もおいしそうな物を、とっかえひっかえ入れてみるのだが、すべて見透かしているみたいだ。

「さんちゃん、おばさん、キクチャンにからかわれているみたい」

いつもキクチャン側に上がる軍配に、おばさんは、いささかくやしそうだった。

キクチャンは茶トラのきれいな猫だ。昼間に見ると、陽の光に茶色が金色に輝いて美しいのだが、夜見ると、これが意外に分かりづらい。夜の闇の中では保護色のようだ。だから猫に茶トラが多いのだろうか。

茶トラは「唐猫《からねこ》」と呼ばれ、金運を呼ぶからと、商売をしている人には好かれるようだが、おばさんは「どうも茶トラはね…」と言っていた。キクチャンの恨《うら》みかな。

マタタビもすべての猫にとっての特効薬ではない。マタタビに強く反応する猫と、それほどでもない猫がいる。雄猫の方が強く反応するようだ。キクチャンはそうでもなく、これもまた駄目だった。

昼間、太陽の下では眠そうにしている猫の細い目も、ひとたび月の光を浴びると、狼男のように変身して、目がランランと丸く輝きだす。それに比べおばさんの方は、老眼と相まって、夜は実に見えづらいそうだ。勝敗は端《はな》から分かっていることだ。

いったいに親猫が人なつっこいと、その子猫も人なつっこい。アネチャン一族はみなそうだ。キクチャン一族は代々そうなのか、どの子もあまり人に慣れない。過去において、何か人間不信になるような出来事があって懲《こ》りてしまい、子供にもそう教えているのではないか。

そのキクチャンが、また子供を産んだのだ。

雌猫が出産すると、その地域の雌猫たちは、その生まれた子を見に行く。

「オメデトウ。かわいい子ね」と、ちゃんと礼儀を心得ている。

また、ほかの雌猫は、出産した雌猫や赤ちゃんを襲ったり、その場所を横取りしたりしない。仁義もわきまえている。おばさんは感心していた。

人間の中には、全く仁義をわきまえない人もいるそうだ。平気で人の領分に土足で侵入してくる。そしてその中で自分はいかに利口か、いかに物を知っているかと吹聴《ふいちょう》しまくる。しかもそれをなにかあるたびにするらしい。

「猫ほどの礼儀もわきまえていない。猫の爪の垢でも煎じて飲ませてやりたい」

おばさんはそう言ってたけど、猫の爪の垢は、きっとおいしくないよ。

俺は、帰って来たクミに「どうだった?」と聞いてみた。

「キクチャンに似て、茶トラの器量よしの子供たちだった」

そうか、それは良かった。もう少し大きくなって、キクチャンが連れて顔見せのあいさつに来るのが楽しみだな。その地域の母親の雌猫たちは、みんなボスへのあいさつに子供を連れて来るのが習わしだ。

「こんど生まれた子供たちです。よろしくお願いします」と紹介する。

ちゃんと秩序もルールも守っている。

でも、おばさんはちょっと複雑そうな顔だった。

また里子《さとご》の心配をして、生まれた子猫を母親から取り上げるため悪戦苦闘しないといけないからだ。あまり早く取り上げると、また次の子を早く身籠《みごも》ることになる。のんびり大きくなるのを待っていると、キクチャンの子はアネチャンの子と違って捕まえづらくなる。

おばさんの悩みはつきない。

ストレスで胃潰瘍

おばさんはまた、何とか委員とやらにやられてしまった。

「この地区で野良猫に餌をやるな」

俺の目の前でやられたから、俺は思わず出て行っておばさんに加勢したくなったが、俺が出て行ったら、よけい事をこじらせるだけだろうと思って、がまんした。

おばさんは一人で耐えていた。

次の夜やって来たおばさんは、胃のあたりを押さえていた。おばさんはかつて、ストレスから胃潰瘍になったこともある。俺たちはそれを知っている。だからみんな、おばさんの身体を心配している。

おばさんは周りの人から、「あの人は変わり者だ」と言われていると話していたが、俺たちはおばさんが、小さな身体の中に、どれだけの苦しみを詰めこんでいるかということを知っている。

「どうやったらみんなを守ってあげられるかしらねえ。天国はきっとみんなと自由に過ごせる所でしょうね。おばさんはバラの花が大好き。天国はバラの花がいっぱい咲いていることでしょう。いつかみんなでそこへ行こうね」

俺はバラの園を思い浮かべた。赤や黄色やピンクのバラの花が、いっぱい風にゆれていた。俺たちはその中でおばさんといっしょに踊っていた。

いつかきっと、そんな日が来るだろう。

猫のあいさつ

知り合いの猫たちは、顔を合わせると必ずあいさつをする。

猫たちの朝は早い。明るくなった時が朝なのだ。朝起きた時とか、道で行き会った時とか、夜おばさんが来てみんな集まった時など、必ずあいさつをする。

雌同士のあいさつは、頭とか体を擦り合わせ、シッポをふるわせて、「あらコンニチワ、きょうは良いお天気ね」とやる。

雄同士は、あっさりしている。「オッス、元気か」と、ベタベタすることもなく離れる。雄と雌とが行き会うと、雄は「おまえ、浮気しなかったか?」というように、雌の首の後ろをガブリと咬《か》む。荒っぽい、暴力団のアンチャンみたいだ。おとなしい雌は「痛い」と泣くだけだが、気の強い雌は「ナニスルノヨ!」と、雄の鼻っ面を引っ掻く。

俺は、鼻の真ん中に引っ掻き傷のある雄に会うと、ニヤリとして通りすぎる。

夜になっておばさんが来た時は、会食つきの座談会が始まる。

誰がどんな子を何匹産んだかとか、誰が病気だとか、ケガをしたとか、最後は「アイツはまた泥棒猫をした」「あの子とあの子は仲が良い、結婚するんでしょう」などと、しばし猫仲間の噂話に花が咲いて、解散になる。

俺は、雌同士の井戸端会議だろうと、何にでも、いつも参加することにしている。くだらんなどとは思わない。ボスとして、仲間を統率していくからには、どんな些細《ささい》なことでも知っておかなければならないからだ。自分の権力を維持して利を多く得ようとか、自分の名声のためにとか、そんなつもりでボスをやっているのではない。俺の中にある一番の強い思いは、仲間を守ることだ。

だから噂話は非常に大切な情報なのだ。

どこかの汚い人間と、一緒にしないでもらいたい。人間は動物の生活環境に、土足で侵略し、破壊して来た。俺たちは、徐々に生活の場を縮小せざるをえなくなってきている。狭い場所に、猫やタヌキがゴチャゴチャいるようになり、右を向いてあいさつ、また左を向いてあいさつとなってきているが、それでもあいさつを省いたりはしない。
俺たちは結構、律儀なのだ。

きょうだいのえにし

おばさんが明日から三日ほど、群馬県にいる長女の所へ行くから来れないと言った。でもみんなのごはんは、おじさんが持って来てくれるから心配ないと言った。
おばさんがどこか沈んでいるのをみて、娘さんが、ナズナを取りに来ないかと誘ってくれたそうだ。
おばさんはナズナが大好きなんだそうだ。なつかしい郷土の土の香りがして、春の匂いがして、ホロにがさが好きなんだとか。

ナズナは食べるだけでなく、摘むのがまた楽しいと言った。娘さんと孫と三人で摘むのだそうだ。

「おばさん行って、そして元気になって戻って来てね」と俺は見送った。

娘さんの所にも猫がいる。キジ模様の「キジ」と茶トラの「モドキ」という名前の雄猫の兄弟。

そのキジが交通事故で死んだ。通りを横切ろうとして車に撥《は》ねられたようだ。そしてその一年後に、不思議なことに同じ場所で弟のモドキも、兄のキジと同じように車に撥ねられて死んだ。

娘さん夫婦は、兄のキジが淋しくて弟のモドキを呼びに来たのか、モドキが大好きだった兄のキジの後を追ったのか、いずれにしても強い兄弟の愛だと言った。

「兄弟のえにしで、猫はこんなこともするのかしら。さんちゃん、どうなの？」

帰って来たおばさんにそう聞かれたが、俺はたぶん弟のモドキは兄のキジに連れられてよく行った所だから、なつかしさに行ったのかも知れないと思った。

風の又三郎といっしょに

俺は、悪ガキと犬は苦手だ。

ほかの猫たちは犬に追いかけられると、木に登ったりして逃げられるが、俺は三本足で登ることができない。

悪ガキに石を投げられても、三本足では石より速く走って逃げることができない。いつもまともにドテッ腹に石を喰らう。俺はどれだけの痛みを味わっていることか。

だが、ボスたる者、泣き事を言ってはいられない。ここの猫たちみんなを守っていかなければいけないからだ。

石をぶつけられた傷が化膿《かのう》したのを見て、おばさんは、マグロの固まりの中に抗生《こうせい》物質というのを入れて食べさせてくれた。

おばさんは言った。

犬を飼っている人は、犬がかわいい。

猫を飼っている人は、猫がかわいい。

犬も猫も飼っていたことがあるから、どっちのかわいさも知っている。

動物はみんな同じだ。なのに犬を飼っている人は、平気で犬に猫を追いかけさせる。まるで楽しいスポーツをさせているように、やらせている。

猫にとって犬は、自分の何倍もの大きさだ。それが大声で吠《ほ》えながら突進して来る。スピードも手足が長い分、犬の方が速い。ものすごい恐怖だ。

猫は、木に登るのはたやすくても、降りるのは難しいのだ。

「とび太」は犬に後ろ足を咬《か》まれ、俺と同じように、死ぬまで片足をひいていた。ヒョコタン、ヒョコタンと、とび跳ねるように歩くから、とび太と呼ばれた。

俺も三本足だから、さんちゃんと呼ばれるのだ。

とび太は黒トラで精悍な感じだった。体格も良かった。だから片足をひいていても、ほかの雄猫に追い払われることもなく、生きてこられたのだろう。

そのとび太が、「もう行くよ」と言葉を残して行ってしまった。

年をとった野良猫は、あとの若い猫たちのために、自分で自分の身を処して死んで行かなければいけない。

おばさんは言った。

「みんな見事なニャン生（人生）ね。人間はそんな潔い生きざまはできない。世間の人たちみんなに、この立派な野良猫の生き方を教えてあげたい。世間で忌み嫌う野良猫たちが、どんな信念で生き、そして死んで行くか、大声でみんなに聞かせてあげたい」

俺は、とび太と何回も争ったこともある。でも終局的には同じ足の悪い者同士、お互いに助け合っていっしょにやって来た。

今夜は、やけに風の強い晩だ。「又三郎」でも通りすぎているのだろうか。とび太は又三郎と手をつないで行ったことだろう。

公園の中の主のような大ケヤキの葉がざわめいていた。俺はその大ケヤキを通して悠久の彼方《かなた》へ思いを馳《は》せた。そこでは足の治ったとび太が、嬉しそうに跳ね回っているにちがいない。

夜のストーカー

おばさんは本当にこまっている。

もう何年もストーカーに悩まされているのだ。

そいつは、幽霊屋敷のそばの公園や、おばさんが餌をやっているすぐ目の前に車を止めて、ジーっとおばさんを見ている。

わざと時間を調整して、おばさんに会うように帰って来たり、公園の横や団地の陰に車を止めて、おばさんの来るのを待っていて、おばさんの姿を見ると出て来る。

違う車を使ったり、変装したりもしている。公衆電話から電話をかけるふりをしながらも、おばさんの様子を伺っている。

「夜目《よめ》遠目《とおめ》、笠の内」ということわざがあるそうだが、暗い月光の下では、おばさんも絶世の美女に見えるんでしょうと、おばさんは言っていた。明るい太陽の下で、よく顔をみ

てほしいんだけど、なんてこと俺が言っちゃいけないけど、おばさんが来るのは夜だけだから。

「おばさんの年齢を知っているのかしら。おばさんには孫が三人もいる、いい歳をしたおばさんなのにね」

ストーカー野郎はきっと家族も彼女もいないに違いない。家に帰っても誰もいないから、ああやってウロウロしている。

おばさんも、ここに来だした頃は、五十歳をすぎたばかりだった。だがあれから十年近くもたつ。六十歳を越えているはずだ。

おばさんは、「若い女の子には若いストーカーがつく、年寄りには年寄りのストーカーがつく」と言っていたが、そういえば、あのストーカー野郎も若くはないな。

おばさんは、ひどく嫌がっている。

おじさんはおばさんに携帯電話を持たせ、何かあったら、すぐ連絡するようにと言っている。俺たちも、何かあったら「猫軍団」を繰り出して、咬みついて、引っ掻きに行くつもりだ。

乙女の思い出はみかん色

「さんちゃん、そんなにおばさんが歳をとっているなんて言わないでよ。おばさんにだって、若くてキレイだと言われた頃もあったんだから」

おばさんは、遠い昔を想い出すような目つきで話した。

昔、おばさんが若い頃、同級生だった男の子が、「君を描かせてくれ」と言った。

彼は絵が好きで、キャンバスを作っては絵を描いていた。

まだ若く純情可憐な年頃の女の子、男の人のモデルになるなど、恥ずかしくてできないと、いつも断っていた。

高校の時、突然、彼の両親が死んだ。秀才で通っていた彼だったが、上の学校へ行くのをやめて、親戚の農業を手伝いだした。下の弟妹が世話になるために。

今も彼は、信州で農業にはげみながら絵を描いているのだろうか。

ふとそんな「みかん色」をしたなつかしい過去を想い出したおばさんの顔は、ほのかに赤らんだ。

おばさんの娘さんも、小学生の時の作文に、「わたしは授業参観に来るお母さんたちのなかで、うちのお母さんが一番きれいだと思いました」と書いてくれ、お母さんを嬉しがらせてくれた。それが、中学生になると「鬼ババァ」となり、高校生になると髪の毛が「黒と白と茶色の三毛猫みたい」というようになったそうだ。

人間の女性のキレイといわれる寿命は短いものだ。だが、おばさんと同じくらいの年の雌猫は、いつまでたってもキレイでかわいいと言った。

「おばさん、今も十分にキレイだよ。俺たち猫から見ると、おばさんは観音様《かんのん》のように美しいよ」

「ありがとう、さんちゃん。明日はアジを持って来るからね」

シロクロの忘れ形見

しばらくぶりに、シロクロが現れた。「ノラクロ」という子供を一匹連れて。よかった。どこかで生きていたんだ。だが、もともと小柄だったシロクロは、さらにひと回り小さくなっていた。

やって来たおばさんは、おばさんらしくもない声をあげて喜んだ。しかしシロクロをよく見て、「ハッ!」と息を飲んだ。おばさんも、俺と同じように分かったのだ。

シロクロの命はそう長くはないと。それで後に残るノラクロを、おばさんに託《たく》しに来たのだと。

ノラクロというのは、昔あった田河水泡《すいほう》さんの『のらくろ』という漫画の主人公に似た黒白の模様だから、つけた名前だそうだ。

次の晩から、ノラクロは一匹で食べに来た。シロクロはもう現れることはなかった。

幽霊屋敷には、アネチャン一族がはびこっているから、ノラクロはここには住めない。どこか遠くからやって来た。

やがてノラクロが大きくなると、おばさんは避妊手術をしてやった。ノラクロはすんなりと籠に入り、帰って来てからも、もうこのおばさんには懲《こ》りたとか、こだわることもなく、また次の日からやって来た。

ノラクロはシロクロの子だけに小柄だが、「ニャッ、ニャッ」と鳴き、無邪気でかわいい子だ。体も丸く、シッポも丸くて短く、目も丸く、愛らしい子だ。

俺は大地を踏みしめ「ワオーン」と吠えた。そして空遠くにいるとび太に、シロクロを頼むぞと伝えた。とび太は心得てくれたはずだ。太郎も四郎もクロ夫もいる。シロクロはきっと淋しくなくやっていってくれるだろう。

春の子と秋の子

ノラクロも避妊手術に連れていかれる前に一度、子供を産んだことがある。だが、アネチャンやキクチャンのように、安定した子育ての場所が特にないノラクロは、落ちついて子育てをすることができなかった。転々と場所を移動していた。おそらくシロクロもそうだったのではないか。だからノラクロは、シロクロに連れられていった場所に、次々と子供を連れて移って歩いていた。

春に生まれた「春の子」は育つ。気候が暖かくなっていって、生まれたばかりの小さい子供に良いから。しかし、秋に生まれた「秋の子」が育つのは難しい。だんだん寒くなっていくことに、抵抗力のない小さい子供は耐えられないからだ。家猫とは違う、外猫の厳しいところだ。

暖かい子育ての場所を持たず、その上に秋の子だったノラクロの子供たちは、生きることができなかった。

幽霊屋敷の前のアパートに、猫の面倒をよくみてくれる夫婦がいた。子供がいなかったためか、何匹もの猫の面倒をよくみてくれていた。リュウもワコも、クミもそこで世話になっていた。

ノラクロがたった一匹生き残った子供を連れて来た時、その夫婦がひきとってくれた。おばさんは、猫の赤ちゃん用のミルクを買って来て渡した。

だが、もうかなり弱っていたその子は、生きのびることができなかった。

その夫婦は、ほんのひと握りほどの小さな亡骸《なきがら》を小さな箱に入れて、「天国に行きつきますように」と願って、多摩川に流してくれた。

おばさんは花を添え、多摩川の方に向かって祈った。

「シロクロ、孫が行きましたよ。かわいがってあげてね」

ノラクロはずっとおばさんの足元にうずくまっていた。星の降るような夜だった。多摩川も明るいことだろう。無事、天国に流れついたに違いない。

おばさんの業《ごう》

おばさんはある時、こんなことを言っていた。

心が淋しい時、猫を抱いていると、猫の暖かさとともに、ゴロゴロ言ってくれるその喉《のど》の音とで、次第に気持ちが癒《いや》されてくると。

猫は、人間の腕の中にすっぽりと入る大きさで、柔らかく、抱くのにちょうど良い大きさだ。

また、人間の子のかわいい盛りと同じくらいの知能を持っていて、実にかわいいのだそうだ。人間の生活にも順応してくれ、合わせてくれる。人間の心もよく読み取って、怒っていると遠慮して近づかず、悲しんでいると傍らに来て慰《なぐさ》めてくれる。

だから猫は何千年も昔から人間にかわいがられて来たのだろう。いつの時代にも猫はいた。長い長い歴史の中で生きて来た。

かわいがってあげれば、いじらしいほど慕ってくれる。死んでいった子も、今生きている子もみんなそうだと、おばさんは言った。

おばさんはそんな猫たちを見放すことはできない。

人間は誰でも「業《ごう》」というものを持って生きているらしいが、これがおばさんの業なのだろうか。おばさんはこの業を喜んで持って生きていこう、それでいいと思っているようだ。

「喜びも悲しみも、猫とともにあって良きかな。この歳になると、あと何年生きられるか分からないから。この生き方は変わることはないでしょうね」

おばさんはそう言い切った。

俺は、俺の体のサイズでは、おばさんの腕の中に入るには、はみ出して規格外ではないかと、幽霊屋敷の割れた窓ガラスに映る自分の姿を見て、ちょっと考え込んだ。

野良猫が見る夢

「さんちゃん、夢をみることがある？」と、おばさんは俺に聞いた。

「もちろんあるよ」と、俺は答えた。

おばさんの家の猫たちも、夢をみているのではないかと思われる時がたびたびあると言った。何か怖い夢でもみているのか、泣きながらガバッと起きることがある。きっとおばさんの家へ来る前のつらかった想い出が、夢の中へ出てくるのだろう。

かと思うと、何か楽しい夢でも見ているのか、笑うような声を出して寝ていることがある。そんな時は、いつまでもその夢の続きをみさせてあげたいから、起こさないように静かにしていると、おばさんは言った。

俺もつらい夢を、たびたび見る。あの足を失った恐ろしい事故や、その後の苦しかったことなど、繰り返し夢に出てくる。

自動車がうなりながら、すごいスピードで俺に向かって来る。俺は金縛《かなしば》りにあったように、逃げることができない。悲鳴をあげようにも、声も出ない。俺は跳び上がるように、目を覚ます。そしてしばらくは、肩で息をしている。後はもう眠ることはできない。

俺は一生この悪夢から逃れることはできないのではないか。事故から生還しても、その後遺症として、こんな恐ろしい悪夢は残るのだ。

楽しい夢は、あまり見ない。

俺のニャン生（人生）は、しょっぱなから、あまりにも強烈な苦しみのパンチを喰らって、その感覚で止まってしまったようだ。

おそらく野良猫のみる夢は、みんなそうなのかも知れない。追いかけられた夢、石を投げられ傷つけられた夢、幾日も何も食べられず飢え死にしかかった夢、暖かいねぐらもなく寒さに震えていた夢、みんなそんな夢に苦しめられているのかもしれない。それが、野良猫の宿命なのだろうか。

そんな夢しかみることができない、悲しい宿命だ。

伝染病の嵐

おそろしく、つらい日が何日も続いた。何日も何週間も何ヶ月も続いた。すごい猫の伝染病が押し寄せて来た。何十匹という猫たちが、これで死んで行った。毎日毎日減って行く猫たちを見て、おばさんは、「頭がおかしくなりそうだ。悲しみも苦しみも通り越して、何も考えられない」と言った。

小さなクロ子もリュウもワコも、みんな死んで行った。

おばさんは毎晩、泣いていた。おじさんは何匹も幽霊屋敷の隅に埋めた。おばさんは今でも、そこを通ると、つらそうに震えている。

長いあいだ続いた嵐が収まってみると、若い子はほとんど全滅していた。ある程度の年をした大人の猫だけが残った。

俺もアネチャンもクミもノラクロも残った。

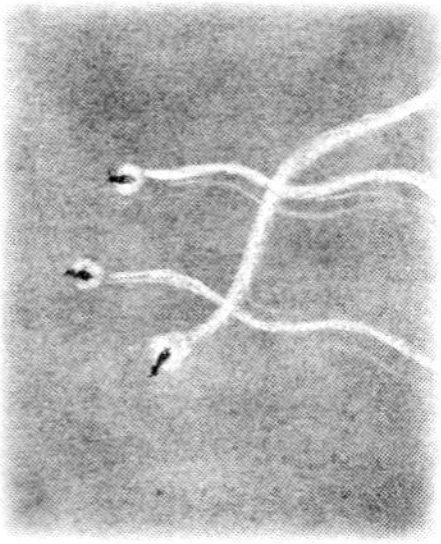

アネチャンの子の「つよし」も「ただし」も「サクラ」も「モモ」も死んだ。

ある程度、年のいった猫たちは昔、軽い伝染病に一度かかっていて、抵抗力があったのではないか。免疫のない若い子たちが、もたなかったのだ。

つよしとただしは、おばさんが親心で、「強く正しく」という願いを込めてつけた名前だ。つよしは、生まれながらにボスになるような要素を身につけている子だった。勇敢で活発で好奇心が強く頭が良かった。

いっしょに生まれた兄弟のただしは、優しく思いやりがあり、つよしの良い補佐役になるだろうと思っていた。

二匹ともアネチャンの中の白の毛色の部分を多く持って生まれてきた。白っぽい毛色の子供たちだった。それが二匹揃って病原菌に負けてしまった。それほど菌の力が強かったのだろう。

サクラとモモは、モモの花が咲き、サクラの蕾《つぼみ》が膨らんできた頃に生まれたので、やはりおばさんがこの名をつけた。サクラとモモは俺に似て、灰色のしま模様の雌猫たちだった。二匹とも、おばさんが感心するほど、立派な猫たちだった。

雌猫の「モミジ」が、子猫を三匹連れて来た。モミジは病気で痩《や》せ細り、子供を育てることができなかった。ちょうど子供を産んだ後で母乳の出たサクラとモモは、二匹で協力して、モミジの三匹の子に自分たちの母乳を飲ませて育てた。モミジは死んだが、子供は生きのびた。おばさんは「立派ねえ」と感激していた。

それがみんな死んでしまった。子供たちも全員だ。

火山の噴火や大津波によって一瞬にして滅びた古代のポンペイやアトランティスのように、小さな赤ちゃんや子供たちがいっぱいで、ほのぼのとした猫王国も、あっという間に崩壊していった。

だが、この嵐は起こるべくして起きたことだった。

猫が増えすぎると、何年かに一度はこうして伝染病がはやり、猫の数を調整している。野良猫は増えすぎてはいけない。ある程度、離れて暮らせるくらいの数でなければいけない。〝猫密度〟が高くてはいけないのだ。

数が多すぎると害も生じる。問題も生じる。そして猫すべてを失うことのないように、犠牲者を出してまで、猫としての種の保存をはかるのだ。

むごいようだが、自然の法則なのだ。こうしてこの世界が猫だらけになるのを防いでいる。俺たちはこうした摂理《せつり》をくり返し、数を整えて生きてきた。

世の人間は、野良猫を馬鹿にしている。汚いもの、やっかいなものとして忌み嫌う。そして野良猫に係わるおばさんたちを、不潔だと、笑いものにしている。猫を嫌う者の方が清潔で、まっとうな人種だとまで言う。

でもはたして、その人たちは、この俺たちの生き方を知っているのだろうか。

知ってほしい。分かってほしい。

俺は心の底からそう思う。若くして犠牲になっていった野良猫たちのためにも。

この夏はホタルが多く飛ぶ夏だった。川もないのに、この幽霊屋敷にも「迷い蛍《ぼたる》」が飛んで来た。

俺もおばさんも、ホタルの飛ぶ明かりを、この世を去って行った野良猫たちの魂だと信じた。ホタルの明かりがよく分かる幽霊屋敷の暗がりが嬉しかった。

星明りも美しい。だが星よ、今しばらくは輝かないでくれ。ホタルの明かりのみにしてくれ。そしてこの光はあの子の、あの光はこの子のと、対話させてほしい。いっぱい話をさせてほしい。

赤とんぼの巻

動物のいる学校

夜になった。

猫の数はずいぶん減ったが、おばさんはやはり来てくれる。

俺は、「おばさんは、ずーっと猫が好きだった？」と聞いてみた。

おばさんが育ったのは長野県の松本市。おばさんはそこで十八年間過ごした。信州がおばさんの故郷だ。

おばさんの家では、犬も猫も飼っていた。子供の頃から猫といっしょだった。

故郷の人たちは誰も、人間だの、犬だの、猫だのと分けて考えない。みんないっしょの生き物、いっしょの家族。分けて考える方がおかしい。嫌いだの好きだの、そんなことすら考えない。あたり前のことと受けとめて暮らしていたそうだ。

『さよなら、クロ』という映画を知っている？

松本の深志高校で「クロ」という犬を飼っていた。クロは授業にも運動会にも、なんにでも参加した。先生も生徒も誰もクロに「出て行け」などとは言わない。みんなでお弁当の残りをあげたりしてかわいがっていた。

クロもすまして授業を聴いていた。

そして、それが普通だった。

おばさんの上の娘さんは、川崎市の多摩高校に通っていたんだけれども、多摩高校には「タマ」という茶トラの雌猫が住みついていたそうだ。多くの生徒が餌をやっていた。

タマが女子更衣室のロッカーで出産すると、「タマの子をもらって下さい」というイラスト入りの張り紙が、校内や校外の掲示板に張り出された。

先生や生徒が引き取っていった。唐猫で縁起がよいと、近くの商店の人が連れて行ったりもした。

そのタマが、交通事故に遭った。その手術代が何十万もかかるということで、多摩高校の校報誌にも「タマを助けて下さい」という、寄附を呼びかける記事が載った。

先生も生徒も寄附をした。おばさんの家でもした。そしてタマは手術を受けて、生きのびることができた。

おばさんの娘さんなど、高校に勉強に通っているというより、タマの世話をしに通っているような感じだったらしい。おかげで大学には一浪して入るという、おまけまでついた。その娘さんが高校三年生の時、教室が「奥多摩」だった。奥多摩というのは、多摩高校の一番奥にある木造の古い校舎のことだって。古い木造の校舎だから、スズメが天井に巣を作って、授業中でも出入りして、天井で鳴いている。

生徒たちは先生の講義も、「チュンチュン、チュンチュン」という伴奏入りで聞いていた。いい音色だったようだ。スズメは時には教室の中も飛び回るが、先生も生徒も追い払ったりしない。

PTAの話し合いの最中でも鳴いている。先生が、あれは子スズメの声だと説明してくれた。みんなは思わず笑って雰囲気が和やかになった。

おばさんは、そんなことなどがみんなすごく好きだったと話してくれた。

おばさん家の飼い猫たち

おばさんが、おばさんの家で飼っている猫のことを話してくれた。

おばさんの家には「クッキー」と「ドラ」（キャンディ）という二匹の雌猫がいた。ふたりの娘と同じに、おばさんの子供たちだ。

二匹ともかわいそうな事情があって、おばさん家に来ることになった。

クッキーは、それまで飼っていたある娘さんが、お嫁に行くからもう飼えないというのを生後三ヶ月くらいでひきとった。クッキーは背中が明るい黒と茶の縞《しま》で、お腹が白く、両手両足の先も白くて、手袋と靴下を履いているような小柄な美猫。猫のカレンダーのモデルとして、一番使われるタイプだ。実際、写真映りも良かった。クッキーの写真はどれもかわいいと、おばさんはほほえんだ。

トイレはお風呂場の排水口の所でしたので、水洗トイレだと言われ後始末が楽だったよ

うだ。

　また、動物が出るテレビが大好きで、一時間でもキチンとテレビの前に座って画面を見ていた。玄関のチャイムが鳴るとドアの前にとんで行って、「なにかご用ですか？」というように座っていた。電話のベルが鳴ると、「もしもし」というように受話器にむかって「ニャーニャー」と鳴いた。

　すっかり人間の生活に溶けこんでいる猫だった。本当の意味での猫の賢さ、かわいさ、それはクッキーに教えられたと、おばさんは言った。

　俺たち野良猫との出合いも、クッキーからつながっているという。

　ドラは、全体が黒っぽい縞で、下の娘さんが泣きながら拾ってきた。生後二ヶ月くらいで、クッキーより一歳下だった。

　ドラはおおらかな猫だったが、クッキーは神経質だった。娘さんたちに「ドラはパパに似てるけど、クッキーはヒステリックでママそっくり」と言われていたらしい。どうも飼い主に似るようだ。

　人間の子供たちもそうだが、猫の場合も、ステレオやじゅうたんで爪を研《と》いだり、壁に飛びついたりして「コラーッ！」「ダメーッ！」「マテーッ！」とやられているのは、次女のドラの方だった。

猫のほかにセキセイインコもたくさん飼っていたという。このインコが猫と友達で、いつもいっしょに遊んでいた。

「ウソ！　猫が食べちゃわないの？」という人たちには、仲良くいっしょに遊んでいる写真を証拠として見せた。俺たちも写真を見せてもらったことがあるから本当だ。

「人間の心の持ち方次第で、犬も猫も小鳥もみんな友達になれるの」と、おばさんは言っていた。

おばさんの家のクッキーは、長いこと鏡に映った自分の姿を見ていることがあった。『赤毛のアン』という小説の中で、アンが本箱のガラスに映る自分の姿を、友達として仲良くしていたというくだりがあるが、クッキーも鏡に映った自分の姿を、仲間として親しくしていたのではないかと言っていた。

「コンペイ糖ちゃん」と名前をつけて、毎日話しかけているようだった。

「コンペイ糖ちゃん、ご機嫌いかが？　わたしはきのう、ゴキブリを捕まえたのよ。そのゴキブリったらね、流し台の下の奥の方でガサゴソ音をたてているのに、なかなか出てこないの。二時間もその前で待っていて、捕まえたわ。根気が良いでしょう。猫が何かを捕まえようとしたら、そのくらい、いつも、じーと待っているものね」

「クッキーちゃん、がんばったわね。わたしたち猫は、死んだスズメやセミやゴキブリには手を出さないけど、生きて音を出して動いているものには興味があるものね」

クッキーはコンペイ糖ちゃんと、毎日そんな話をしているように、鏡に映る自分をじーと見ていた。

クッキーの表情が、けったいな奴がいるというような感じではなく、ほほえんでいるような、話しかけているような、そんな表情だと、おばさんは話してくれた。

クッキーは、とにかく人間臭い猫だったそうだ。

反対にドラは、あまり物にこだわらない猫だったようだ。大柄な猫のドラは力も強かったのか、網戸を自分で開けてベランダに出て行った。

考えるより先に行動するタイプで、カーテンレールの上から、下に寝ている娘さんの上に跳躍して、娘さんに悲鳴をあげさせたこともあったという。

野良猫は、考えるより先に行動したら、死につながることが多い。

俺は、おばさんからこれを聞いた時、ドラを少し預かって、野良猫の中で教育してあげようかなと思った。

目の形でわかる猫の境遇

俺たち猫の体格も、昔と今ではずいぶん変わった。

おかかごはんが主流だった昔の和猫は、小さな体だった。今の栄養満点の餌になってから大きくなってきた。また、俺もそうだが、洋猫の血が混じると、えてして大きな体になる。アネチャンもそうだ。

シロクロのように和猫の血統は小柄だ。

そして、雄は雌よりさらにひと回りも大きい。俺も全盛期には十キロもあった。普通の雄猫の倍だ。そんじょそこらの雄猫では、俺を見ると、シッポを丸めて逃げて行くしかない。

猫の目の形も、家猫と野良猫とではずいぶん違う。家の中で飼われている猫の目は丸いが、野良猫の目は相手を睨《にら》むように鋭い。

内猫は誰も警戒して睨む必要はないが、外猫は常に周りを警戒してなければ、生きのびて行くことができないからだ。

野良猫でも、小さいうちは丸い目をしている。それが厳しい現実に直面するたびに、次第次第に鋭くなっていく。

おばさんは、お寺へ行くのが好きだと言った。若い頃はよく友達と京都や奈良のお寺へ行ったそうだ。そのお寺にある仏像の目は、古いほど閉じているが、時代が新しくなるにしたがって半眼になり、次第に開いてくるのだそうだ。

するとさしずめこの幽霊屋敷の猫たちは、仏像でいえば半眼というところか。幽霊屋敷という家があり、おばさんのごはんがあり、そんなに睨まなくてもやっていけるからだ。

「猫の目の形を見れば、その猫の置かれている境遇がよく分かる」

と、おばさんは俺の目を見て言った。

弱い者いじめ

かわいそうに、ノラクロはついにここ幽霊屋敷に来られなくなってしまった。雄の身で雌を新参者のくせして「五世」（ゴセイ）がノラクロを見ると追い払うのだ。追い払うとは、とんでもない奴だ。俺はそんなことはしない。

五世に追い払われたのは、ノラクロだけではない。体中に八重桜の花ビラをつけて現れた幼い「八重チャン」までも追い払われた。

五世の奴は、弱い者いじめをする。強い者を見るとスゴスゴと引っ込んで行くくせに、弱い者を見ると牙《きば》をむく。だから、二世も三世も四世も通り越して、五世などとチンケな名前をもらうんだ。

五世はシッポがフサフサとして、足が長く、外見がかっこ良いからと、いい気になっているのだ。内面たるや、このお粗末さなのに。そういえば、五世はよく幽霊屋敷に咲いて

いる水仙の花のそばに座っていた。五世もナルシスのように、己のかっこ良さに酔っていたのかもしれない。

まったく、猫の質も落ちたものだ。俺は五世に教育をせねばならないと思い、向かって行った。ところが五世は俺を見ると、一目散に逃げて行ってしまう。足の悪い俺は追いつくことができない。だから俺は逃げて行く五世に向かって怒鳴った。

「キサマ、雄として持つべき物を持っているのかーっ！」

おばさんは毎日、ノラクロを探して歩いている。一時間以上も遠くまででも探しに行く。

ノラクロはシロクロ一族の最後の生き残りだ。それにかわいい子だった。

おばさんはノラクロの好きだったササミを持って、半泣きで必死に探している。

だが人間の目は、猫の目のようには暗闇では利かない。また猫の耳のようには、かすかな鳴き声も聞き取ることもできない。猫はもぐり込める所でも、人間は入って行けない所が多い。

だから、猫の方から出て来ないかぎり、見つけることはできない。俺は足が悪いので遠くまでは行かれない。

ついにノラクロを見つけることはできなかった。

おばさんは悲しみの果てに、怒って言った。

「五世は明日からしばらく、兵糧攻めにする。ノラクロチャンも今頃ひもじい思いをしているはずだから」

家猫クッキーの死

おばさん家の猫、クッキーが死んだ。十五年生きて、がんで死んだ。
猫の世界でも人間と同じように成人病が増えている。
今、おばさんの家にいる二匹の雌猫は「パイ」と「マロン」というのだそうだ。おばさんの家では、代々お菓子の名前をつける。かわいい名前だ。
おばさんが感心していたことがある。どの猫も家族全員の足音が分かっていて、靴を変えても、歩き方を変えてもちゃんと聞き分けて、家族が帰って来ると、ドアの前に行って待っている。他人の足音だと出て行かないそうだ。

野良猫は、成人病になるほど長くは生きられない。生きていく環境が厳しいからだ。せいぜい二、三年。長くても五、六年だ。

それだけ厳しい条件の中で、必死で生きている。病気や事故、飢えと戦いながら。

それでもここ幽霊屋敷の猫たちは恵まれている。おばさんが必ず餌を持って来てくれるからだ。

しかし多くの猫は、何も食べられず死んで行く。それでも「野良猫に餌をあげないで下さい」といわれる。そう言う人は、自分が長いあいだ何も食べられない、飢えの苦しさを知ってから言ってほしいものだ。

「生きるということ、命ということ、それはどの生き物もみな同じ。人間と猫とで、その命の重みに差があるはずがない」と、おばさんは言った。

クッキーを失ったおばさんの心の痛手は大きかった。なんにも周りが目に入らない感じで、しばらくはフワフワと宙をさ迷っているみたいだった。俺は何度、おばさんをひっかいて、痛さで正気に戻してやろうと思ったか知れない。

俺に「今日は寒いの？　暖かいの？」と聞いたこともある。長いことかかったが、おばさんは徐々に、クッキーはもういないという現実を受け止めて、立ち直ってくれた。

おばさんも苦しかっただろうが、それをずっと見ていた俺もつらかった。クッキーが「自分と同じように外の猫の面倒もみてあげてね」と、今も言っているのがよくわかると、おばさんはしんみりと言った。

猫好きの団結

おばさんの住む団地に「ヒデ」という名前の、白と茶のボス猫がいた。もちろん雄、ヒデも強かった。一時は団地の大半を支配していた。

年をとってからは、スーパーの傍らやバスの停留所のベンチの下で、猫好きの人から餌をもらって生きていた。

ヒデも十年くらい生きたから、野良猫としては長生きの部類だ。最後は長いあいだの屋外生活で、腎臓を悪くして死んだ。

おばさんは、小田急線の柿生《かきお》にあるペット霊園で荼毘《だび》に付してやった。今でもこの霊園に行くと、ヒデの卒塔婆《そとば》が立っている。

おばさんは、「ヒデはそれだけのことをしていってくれた」と言った。生前にヒデの面倒を見ていた人たちが、団地の中に、猫の連絡網らしきものを作ったからだ。「猫を飼う規則破りの悪者」と罵《ののし》られて小さくなっていた人たちが団結したのだ。

おばさんは、かわいそうな猫を見ると、見過ごすことができない。だから猫は嫌いだという人たちからは、疎《うと》まれる。

ストレスで胃炎を何回も繰り返していたおばさんは、これで少し強くなった。

団地の中のたくさんの猫好き仲間を教えてくれ、つながりを作ってくれた。そしてその猫仲間は、猫のことで非難されればされるほど、強く団結していった。

反対している人たちには、規則だからと反対している人もいれば、猫が嫌いだからと反対している人もいた。

だが、団地の住人の三分の一は猫に関心を持っていることも分かった。

「だから、この団地は救われるわ。団地として生きのびて行くことができるわ」

そう言って、おばさんは少しほほえんだ。

猫の恩返し　その一

俗に「猫は恩返しをする」というが、ヒデもそうだった。

晩年のヒデを家に置いてくれた、一人暮らしのおばあさんの死を知らせたのだ。

このおばあさんは全くの一人だった。連れ合いに死なれ、子供も身内もなく、近くに親しい友達もいなかった。

そのおばあさんが一人で家の中で心臓マヒで死んでいた。

しばらくヒデと連絡が取れないのを心配して訪ねてみると、応答がない。電話にも出ない。ヒデのほかにも自分の家の雌猫がいるから、幾日も留守にするはずがない。おかしいと思ったおばさんと猫仲間が窓から入って、倒れたおばあさんを見つけた。

ヒデを家に入れてくれてなかったら、このおばあさんの死は、もっと長いあいだ誰にも分からなかったことだろう。ヒデゆえに分かったことだった。

そのおばあさんの家の電話の横には、おばさんの家の電話番号が大きく書いて置いてあった。そのおばあさんも、ヒデを通して、おばさんを頼りにしていたのだろう。

猫仲間の結束の意義が、さっそく効力を発揮したと、おばさんは言っていた。

ヒデはおばあさんに恩返しをしたのだ。

猫の恩返し　その二

おばさんの住む団地に「ノンコ」という黒い雌猫がいた。

ノンコは誰にでもなれ、決して人間に手（爪攻撃）を出さなかった。だから子供たちはノンコを見ると、寄って行ってなでていた。よくノンコの周りには、子供たちの輪ができていた。

猫を飼えない家の子供たちにとって、ノンコはみんなの猫だった。みんなが世話をしていた。もちろん、おばさんもしていた。

みんなはノンコに勝手に名前をつけて、めいめい勝手に呼んでいた。ノンコはどれにでも返事をしていた。中には「武蔵」とか「小次郎」とかいうのもあった。

おばさんは言った。「この子は女の子なの。せめて『おつう』くらいにしたら?」

でも、おつうが武蔵の恋女房だなんてこと知ってる子供は少ないと思うよ。

ノンコは特別に長生きをした。二十歳くらいまで生きた。珍しいことだ。団地の歴史の半分は生きたことになる。

ノンコを毎晩泊まらせてくれた人もいた。その人が団地から引っ越して行くまで五年ほど。猫が嫌いだからという息子さんに隠しながらも家に入れてくれた心優しい人だった。こういう心優しい人に支えられて、野良猫というより半野良猫のような猫だったから、こんなに長生きしたのだろう。

おばさんは、この心優しい人の力が、ノンコが長生きできた一番の原因だと思うと言った。これもノンコの猫徳（人徳）ではないかとも言っていた。

ノンコは最後の五年ほどはおばさんの家で過ごし、老衰で死んだ。

ノンコがおばさんの家のドアの前で待っていると、北側の前の棟の人が電話で、「黒猫チャンがドアの前で待っていますよ」と、知らせてくれることもたびたびあった。気にしてくれている人が、ここにもいた。

おばさんはノンコを霊園で焼いてもらい、その骨は骨壺に入れられて、今もおばさんの家のタンスの上に鎮座している。

ノンコはおばさんの家の近くにいる、猫をかわいがる人の存在を教えてくれた。あそこにもここにもいた。猫の味方予備軍の子供たちも教えてくれた。たくさんいたのだ。

二つとなりの家に住む小学生の男の子も、ノンコをかわいがってくれた。大学生になった今でも、おばさんにあいさつする。ずいぶん年は離れているが、おばさんの友達だ。ノンコの残していってくれたものだ。

ヒデもそうだったが、ノンコのように外で気ままに生きてきた外猫は、家の中だけで育った家猫と違い、家の中に入れてやっても、おとなしく家の中にだけいることはできない。どうしても外に行きたがる。

ヒデを入れてくれたおばあさんの家は一階だったから、ヒデは自由に出入りしていたが、おばさんの家はそうではないので、ノンコは出て行く時はともかく、帰って来る時は大変そうだった。猫の足の長さからすると、階段の一段一段は大変な高さになる。そしてノンコは年をとっていた。

そんなノンコを、一階の家の娘さんは毎晩、おばさんの家まで抱いて来てくれた。ここにも心優しい人がいる。そしてノンコ亡き後の今も、親しく話をするようになった。ノンコのことがなければ、年の違う娘さんと、こんなに親しくはなれなかったと、おばさんは言った。人間が手を引けば死につながるような無抵抗な弱い生き物を間にはさめば、年の差なんて関係なく、すぐに親しくなれるとも言った。

周りの人たちは時々、「これ、うちの猫の残りなんですけど、よかったら使って下さい」と猫缶やドライフードを届けてくれるようになった。

孤軍奮闘で怯《おび》えていたおばさんは、勇気を得た。

猫の恩返し　その三

おばさんはよく小銭を拾う。一円とか五円とか十円とかの硬貨だ。どんなに大きくてもせいぜい五十円玉。

普通の人は、道を急ぎ足でスタスタと通りすぎて行くが、おばさんはしゃがみ込んで、俺たちが食べる間、ついていてくれる。つまり目線が猫と同じだから、下に落ちているものに気づくのだ。

おばさんは拾った硬貨を箱に入れて、大切にとってある。お守りだと言った。

おばさんは猫屋敷から帰る時、公園の中を通って帰る。公園の中に猫たちが糞の落とし物をしていないか見ながら帰るからだ。砂場などにしてあると、こっそりと始末をしている。そんな時に硬貨を拾うのだ。われわれ猫の額ほどの猫的感覚でお礼をするから、そんな額になってしまうのだ。

俺が公園の猫に代わっておばさんに「すまない」と言うと、おばさんは「きれい事を言っている人間だって、出すものは出すのだから、気にすることはないよ」と言ってくれた。

猫をひきよせるブラックホール

この世には「ブラックホール」なるものがあると、おばさんが言った。

群馬県の娘さんの所の雄猫モドキは、兄猫のキジの後を追って、同じ場所で車に撥《は》ねられて死んだ。そのキジの兄弟の「ジャッキー」までもが、同じ場所で事故に遭い死んだという。

その場所は、ブラックホールの入り口なのだろうか。ほかにも、交通事故に遭った猫がいて、何か猫を吸い込んでいく力があるような場所らしい。

娘さんが教えている生徒の家の近くにも、同じようなブラックホールがあるそうで、同じ所で何回も猫が事故に遭い、死んでいるそうだ。

もしかしたらその場所は、単純に猫が道を横切る時の「通り道」なのかもしれない。

あの横丁を出て来て、通りを横切り、こっちの藪をくぐると、早く家に帰ることができるから、近道のつもりでその場所を横切るのかもしれない。

だがほかにも通りを横切る場所は、近くにいくらでもある。それでも全く同じ場所で、立て続けに事故に遭うのは、やはりその場所に猫を引きつける何かがあるのではないだろうか。猫を呼び寄せて、引きずり込んでいく何かが。

キジもモドキも、家の内外を自由に行き来していた。だからトイレも外でしようと思えばできるのに、わざわざ二匹とも、家へ用足しに駆け戻って来ていたという。家人が留守をすると、ドアの前で待っていて、開けてやると急いでトイレへ突進して行ったそうだ。

二匹のそんな律儀な性格が、こんな現象を引き起こしたのかもしれないと、おばさんは不思議そうに言っていた。

そういえば、俺が事故に遭った場所でクロ夫も車にはねられて死んだのだ。俺には、おばさんの言うことが分かるような気がする。

猫のかけっこ

おばさんは今夜も、群馬の猫の話をしてくれた。

群馬の娘さんのとなりの家でも雌猫を二匹飼っていた。「茶々」と「テツ」という。娘さん家のキジとモドキと、となりの茶々とテツの四匹は、仲良しだった。いつもいっしょに遊んでいた。

よく裏の畑で、追い駆けっこをしていたそうだ。横一線に並んで、一斉にとび出す。百メートル走で、ピストルのドーンという合図でとび出すように。向こう側に着くと、また同じように、並んで跳んで来る。何回もそれを繰り返す。まるで猫の運動会の練習をしているみたいだ。

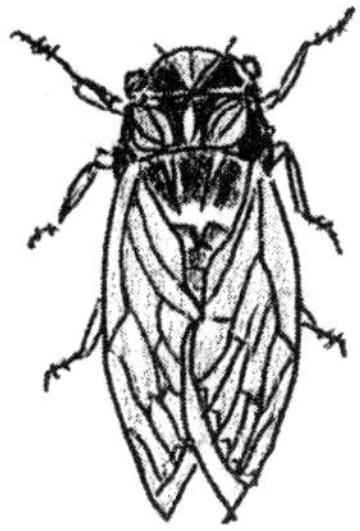

キジとモドキが死んでしばらくしたら、茶々もテツも死んだ。

きっと百メートル走の決着がつかず、天国で続きをして、一着を決めたかったのではないだろうか。

俺は群馬にいた猫たちのことを考えた。群馬で生きて、そして死んでいった、俺たちと同じ猫たちのことを。

みんな楽しいことや悲しいことをいっぱい抱えて生きて、それを持って死んでいったんだなあと思った。

公園はだれのもの？

おばさんは、公園で犬を運動させている女の人たちからも嫌がらせを受けている。
犬を自由に走り回らせるのに、おばさんや猫が邪魔だからだ。
犬が猫を見ると追いかけて公園の外へ飛び出して行くから困る、という言い分だ。犬が猫を見て吠えるのも、うるさいと言われこっちが困る、とまで言い放つ。ずいぶん身勝手な言いがかりではないか。

そんなだから、おばさんがいつも猫に餌を食べさせている茂みに、犬の糞を置いておいたり、わざと犬を連れてその近くを通ったりする。

おばさんは猫たちの食べ残しをその場所に置いたまま帰るようなことは絶対にしない。そばについていて食べさせ、終わると持って帰って行く。

気をつけて後始末をしてはいるが、猫たちの糞の取り残しはあるだろう。だが、犬の糞の後始末をしていかない人もいる。公園にある動物の糞すべてを猫のせいにするようなやり方はどうかと思うな。

「犬を放さないで下さい」と書かれた看板があちこちに立っている公園の中を、わがもの顔で犬を堂々と放している人たちに、おばさんは言ったことがある。

「かわいそうな猫に餌をやっているので、犬を放さないでもらえますか。隅っこで五分くらい場所を借りているだけです。食べ終われば、猫も人間も去って行きますから…」

するとこう言われたという。

「どうぞ、真ん中でなさって下さい」

数人のグループが中型犬を二、三匹ずつ連れて、好き勝手に走り回らせている、その真ん中へと。

おばさんは俺たちに言った。

「ご親切にも、真ん中へどうぞと招待されたけど、どうする？」

俺たちは全員、絶句した。

信州のむかし話

次の夜、おばさんはこんな話をしてくれた。

昔むかし、信州の山間に大きな湖がありました。翡翠《ひすい》のような色をした深い湖でした。その湖では、わかさぎやしじみがたくさん取れました。人々はそれを取って暮らしていました。湖から流れ出る水を田畑に引いて、米や麦や野菜を作ったりして、湖にいろいろと

助けられて暮らしていました。

湖を挟んで上（カミ）の集落の人たちと下（シモ）の集落の人たちがいました。湖の恵みを受けて人々は豊かに、みんな仲良く暮らしていました。

湖の底には大きな龍《りゅう》が一匹住んでいました。龍はみんなが仲良く暮らしているのを見て喜んでいました。優しい龍で、争い事が嫌いだったのです。

ところが、雨が全く降らず、日照りが長いあいだ続き、湖の水が涸《か》れてきました。大きな湖だったのですが、だんだんと小さくしぼんできました。わかさぎやしじみも少ししか取れなくなってきました。田畑に引く水も足りなくなってきました。

すると上の集落の人たちと下の集落の人たちが、少しでも多くの湖の恵みを得ようと争いを始めたのです。

それを見た龍は怒って暴れ、湖に出る舟をみんな沈めてしまいました。そして湖を全面、凍らせて、水も流れ出せなくしてしまいました。

困った人々は、少しでも食べ物を得ようと、上の集落の人たちと下の集落の人たちとは助け合うようになりました。それを見た龍は安心して、また湖の底に潜りました。雨も降るようになり、湖は再び、前のように恵みをいっぱい与えてくれるようになりました。

冬になって湖が全面凍結して、キュッキュッと音がすると、「それ、龍神様がないているぞ」と言って、人々は今一度、自分たちの行ないを戒めるのでした。

「公園は特定の犬の天下様のためにのみあるのではない。公園はみんなのものだ。猫を追い出そうとしていたら、そのうち犬も追い出されることになるかも知れないのにね」と、おばさんは悲しそうに言っていた。

垣根のない友達

おばさんの家猫パイと、長女の所の息子は大の仲良しだ、と言って話してくれた。

人間の子供も、まだ言葉がおぼつかない頃は、動物と言葉も意志も通じ合うらしく、一人と一匹はいつも仲良く、同じ遊びを楽しんでいた。

パイが爪研ぎで爪を研ぐと、孫も爪を研ぐまねをする。同じオモチャで遊んでいた。同

じ物を食べたがった。同じ布団で、くっついて寝ていた。

大人には分からないが、何かゴニョゴニョと言い合い、両方で笑っていた。パイは大喜びで孫の後をついて歩いていた。

「人の子も二歳までは、犬や猫といっしょ」という言葉通りであった。

パイも成猫になり、孫も大きくなった今でも、当時を偲《しの》ばせるような雰囲気が漂っているという。

マロンは、子猫の頃から現在に至っても、長女の息子と「おやつ仲間」。一人と一匹が、長イスの上にチョコンと仲良く並んで座り、スナック菓子を分け合って食べている後ろ姿は、実にほほえましい。

パイとマロンと孫との間には、垣根なんかない。いっしょに育つということは、動物の種類を越えた、一体感が生まれるものらしい。長女の方の孫も、次女の方の孫も、動物を見ても恐がることはなく、喜んでそばに寄って行くという。

野良猫を見て「汚いからそばに行ってはダメ！」と言っている親をよく見かけるが、そういうふうに育てられた子供はかわいそうだなあと、おばさんは小さい声でつぶやいた。

それでは親が子供に猫を嫌いになるように躾《しつ》けているようなものではないか。野良猫は汚いものと教えているようなものではないか。

俺は、そうして親が決めつけていくのではなく、子供自身の目で見て、決めていってもらいたいと思う。俺は、もっと子供の純なたましいを信じている。きっと子供は俺たち野良猫を汚いなんて感じないはずだと思っている。

そして、そんな野良猫をかわいがる子どもの中には「いじめ」なんてないはずだ。なぜなら、弱いものの悲しみを知っているから。

おばさんが太れない理由

団地の駐車場の車の下に、猫の餌を置いていってくれる人がいる。
車の下は、冬は暖かいし、雨も防げるし、犬などから身を守ることもできるから、猫はよく車の下にいる。だから猫の姿を見かけると、親切な人が餌を置いて行く。
おばさんは団地の住人に、そのことで文句を言われた。おばさんは誰が置いていくのか知っている。

「もう二度と置くな。さもなくば、ここにいる猫を保健所に引き渡す」と引導を渡された。

猫の味方で猫を助けてくれる仲間に、餌置きを断らねばならなくなった。

「猫たちもおばさんも、この世に生きていてはいけないのかしら」

おばさんの声は沈んでいた。

俺はおばさんが心配で、また次の夜、おばさんの後をついて行った。この前のあの恐ろしい人に会わなければいいがと思いながら。ところが、ところがだ。おばさんの家の近くでこんどは、複雑そうな目をした人に石を投げられた。

この人の方が口当たりはソフトだが、何を言っているのか分からない、宇宙人のような言葉を浴びせてきた。

石はまともに俺に当たった。俺は脱兎《だっと》のごとく、一目散に逃げ帰った。

俺はしみじみ、おばさんの大変さが分かった。あんなすごい人たちの中で、おばさんは俺たち野良猫の面倒をみているのだ。おばさんが太れない理由がよく分かった。

野の草花が大好き

おばさんがまた四、五日、留守にすると言った。こんどは埼玉県にいる下の娘さんの所へ行くと言った。

おばさんの娘さんたちは、親思いだと思う。おばさんが沈んでいると、こうして励ましてくれるからだ。

こんどは、野ゼリを取りに行くのだ。おばさんは、ナズナと同じように野ゼリも大好きだそうだ。野草の苦味が好きらしく、頬張ると、口の中いっぱいに春の季節が広がるのよと言った。

おばさんは田舎《いなか》で育ったから、まだ寒いけれども、かすかな春の息吹の漂う中で、幼い孫を遊ばせながら、野ゼリを摘む時に「幸せだなあ」と思うと言っていた。

娘さんはおばさんを、秋には巾着田《きんちゃくだ》に彼岸花《ひがんばな》を見に連れて行ってくれる。娘さんの家から車で三十分くらいの所なので、ちょうど満開の頃に呼んでくれる。はるか彼方《かなた》まで真っ赤な曼珠沙華《まんじゅしゃげ》（彼岸花）が咲き揃う様は見応えがある。まるで深紅のじゅうたんを地球いっぱいに敷きつめたようだという。

巾着田には、馬もヒツジも猫もニワトリもいた。みんな一緒にいて、馬やヒツジが歩いてきても、猫もニワトリもそのままのんびりと座っている。馬やヒツジの方が、猫やニワトリをよけて歩いて行く。馬小屋の中でもいっしょだそうだ。動物は本来、みんな優しいのだ。

「さんちゃん、その間みんなをよろしくね」と言って、おばさんは出かけて行った。

俺は「大丈夫だよ」と引き受けた。

おばさんが俺を頼りにしてくれていることが嬉しくて、俺はちょっぴり誇らしげに髭《ひげ》をピンと張った。

キクチャンの旅立ち

キクチャンが俺のところにあいさつに来た。明日、旅立つつもりだと。

おばさんにもそれとなく別れを告げていた。おばさんも分かったようだ。

おばさんは、また泣いていた。おばさんは涙もろい。俺は、おばさんの泣いているのを、どれほど見てきたことか。

猫たちはこうして世話になった人や、仲間に別れを告げて旅立って行く。

おばさんは、キクチャンには数えきれないほどひっかかれたが、キクチャンは猫らしい猫だった。決して人間に媚《こ》びなかった。いつもお高くとまっていた。ツンとすました猫の代名詞のような気位の高いところがあった。

食べ物をもらう立場なのに、「早くよこせ」といばっていた。

夏の夕暮れは遅い。

まだ薄明かりが残るその中を、弱々しく立ち去ってゆくキクチャンの影が長く尾を引いていた。かすかに「さようなら」というように、長いシッポを振りながら。キクチャンの茶色が、おりからの夕日を浴びて、キラキラと金色に光っていた。

次第に降りてくる夜のとばりのその中で、おばさんはキクチャンの姿が見えなくなっても立ちつくしていた。

旅立ってから一週間後に、キクチャンが死んだとアネチャンから聞かされた。

「次はあたしの番ね」と、アネチャンは言った。

「さんちゃん、猫って不思議なことをするわね」と、おばさんは言った。

白い猫が死んで、しばらくすると同じような白っぽい別の猫が現れる。トラ模様の猫がいなくなると、似たようなトラ模様の子が姿を見せるようになる。黒い猫が死んで茶色の猫が来るということはあまりない。

前の猫が死んだのは確かだから別の猫なんだけど、どうして同じような色柄の猫がまたすぐに出てくるかしらと、おばさんは不思議そうに首をかしげた。

俺も、「そういえば、そうだね」と、今いる仲間の顔を見ながら、首をかしげた。

おばさんの涙

おばさんは時々、幽霊屋敷の草取りをしている。

おばさんが出入りする前のここは、ゴミだらけで前が見えないほど草がボーボー茂り、浮浪者たちが空き部屋で酒盛りをしていた。あちこちに酒の空きビンが割れて転がっていた。なんとか族という若者たちも、たむろしていた。

蛍光灯もつかず、まっ暗でひどい状態だった。だから「幽霊屋敷」などという名をちょうだいしたのだ。

おばさんは、猫で迷惑をかけるからと、夜来た時にゴミを片づけたり、草をむしり取ったり、ガラスのかけらを拾ったりして、キレイにしてくれた。

おばさんが毎晩出入りするようになると、浮浪者が出入りしなくなった。なんとか族も寄りつかなくなった。蛍光灯も、おじさんが取り換えてくれた。幽霊屋敷は見違えるよう

にキレイになった。

おばさんが小さい声で口ずさみながら草を取っていた。

♪　夕焼け小焼けの赤とんぼー
　おわれてみたのーは　いつの日かー。コンチクショー

「エッ？　おばさん、そんな歌詞あったっけ」

よく見たら、おばさんは泣いていた。

こうしていると、あっちの物陰こっちの藪から、いなくなった子たちが顔を出す。一年くらいたって、ふーと風が吹いてきても、想い出して切ないと、おばさんは言っていた。

そういえば、小さなクロ子もノラクロも、草取りをしているおばさんの周りを嬉しそうに飛び回っていたな。

俺は、泣いているおばさんの顔をなめてやった。

「おお、さんちゃん。なぜにあなたは猫の三吉なの」と、おばさんは言った。

背中の傷跡

一晩では取りきれないので、おばさんは幾晩もかけて草取りをする。大変そうなので、「猫の手を貸そうか?」というと、「ありがとう、さんちゃん。変な人が来ないか見張っていて、来たら教えてちょうだい」と言われた。

となりの駐車場へ車を入れる人たちの中で、俺たちを見ると石を投げる人がいる。俺たちが車の上に乗るからというのだ。かつては野球選手でもあったのか、それが実に見事に命中する。全員やられている。幽霊屋敷の猫たちで、奴の石の洗礼を受けていないものはいない。

「チュウチャ」や「トラさん」などは、それが元で死んでいる。チュウチャは白と茶色の目立つ色だったのでやられ、トラさんは人に飼われていたがために、本来の野良猫のように危険に対する防衛本能が足りずにやられた。

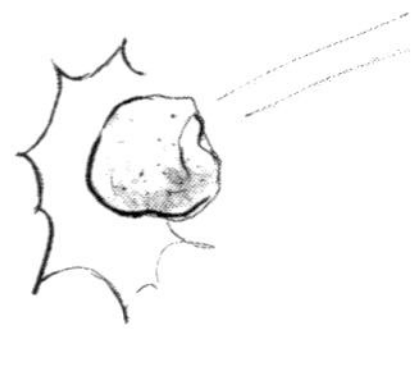

二匹とも、おばさんが歩けないほど足にからみついて、愛情表現をしていた。

おばさんは、「あんな良い子たちがー！」と、悔しさと悲しさを抑えきれずに、猫仲間と相談して、その車に「こんどやったら、世間に訴える」と張り紙をした。

奴はおばさんに向かっても石を投げつける。おばさんの背中には、今でもその傷跡が残っている。もちろん、俺たちもみんな傷をおっている。

だから俺たちは、その車が入って来ると、蜘蛛《くも》の子を散らすように逃げだす。

そいつは、ただひたすら俺たち猫をやっつけることのみに執念を燃やしているようにも思える。オモチャなのかもしれないが、とにかく玉の飛び出るピストルを持っていて、それで俺たちを狙い打ちする。

幽霊屋敷で安穏《あんのん》と暮らしているように見える俺たちも、けっこう大変な思いもしているのだ。

猫は裏切らない

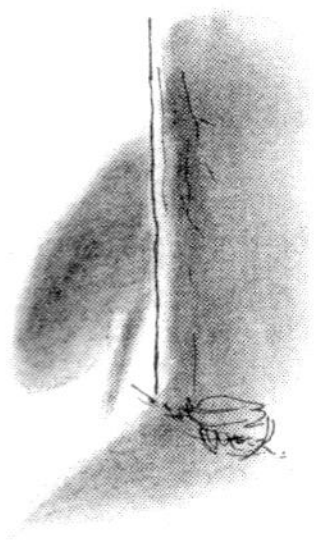

幽霊屋敷の建物の影に隠れていて、おばさんがやって来たのを見てから、出て来た男の人がいた。おばさんを狙っているのは明らかだった。

俺はそいつに向かって「フゥーッ」と、うなり声をあげ、全身の毛を逆立ててシッポを膨らませ、倍くらいの大きさになって飛びかかろうとした。

猫としては特別にデカイこの俺が怒りをあらわにしたのを見て、そいつは化け物とでも思ったらしく驚いて後ずさりし、手に持っていた棒のような凶器を俺に投げつけて逃げて行った。

「さんちゃん、ありがとう。お陰で助かったわ」

おばさんは俺を抱きしめてくれた。

人間の中には「何かあったら、いつでも言って下さい。いくらでも手を貸しますから」

と言ってくれる人はいるらしいが、実際に手を貸して助けてくれたことはめったにないらしい。それだけならまだしも、裏切って加害者側に回り、おばさんの心の中に終生消えない痛みを残してくれた人もいたらしい。

「よく逃げずに立ち向かっていこうとしてくれたわね。さんちゃんだって恐かったでしょうに。さんちゃんはやっぱりボスだね」

俺は、おばさんの生活の中の闇を少し垣間見《かいまみ》た気がした。おばさんはよく「猫は裏切らない。嘘をつかない」と言っているが、こんなところからきているのかなと少し分かったような気がした。

そして俺は、おばさんとの距離がさらに縮まったことが嬉しかった。

そんなこんなで、おばさんは、夜ここに来る時に男の人を見かけると、睨《にら》みつけるようになってしまったと言っていた。でも、おばさんが睨みをきかしても、大して凄味はないと思うぜ。

なんてったってこの一件で、俺の睨みは箔《はく》がついたからな。

幽霊屋敷の共存者

おばさんが誰かと話をしながら草を抜いている。

誰かなと思ったら「ガマ太郎」だった。

幽霊屋敷の敷地には、ソフトボールくらいもある大きなガマガエルが何匹もいる。

おばさんは、そのガマガエルとも友達だ。もちろん、俺たちも友達だ。俺たちは、そのガマガエルたちを殺したりはしない。いっしょの仲間だからだ。

おばさんが、「ガマ太郎ちゃん、今日は一匹なの？　奥さんはどうしたの？」と聞く。

ガマ太郎は、おばさんの顔をジーと見ながら、首をかしげて、「うちで寝ているよ。呼んでくるね」というように、ピョンピョンと跳ねながら帰って行った。

おばさんは、「よく見ると、ガマチャンたちもかわいいわね」と言っていた。俺もそう思う。

ガマガエルのほかにイタチもいる。おばさんは、どこかから逃げ出してきたフェレットじゃないかと言っていた。

イタチは猫と同じくらいの大きさだが、猫に比べると、胴がぐーんと長い。そして顔が小さい。梅の木の上から降りて来る。猫のようにみっともない降り方などせず、スマートに下りてくる。「君らもやってみなさい」というように、俺たちをチロンと見て、悔やしがらせている。

「みんな猫の餌を食べているのかしら」と、おばさんは不思議がっていた。

でも、みんな殺し合いなどしない。みんなで共存している。動物は不必要な殺し合いなどしないものだ。

「猫もイタチもガマガエルも、みんな話しかけると言葉がわかるみたいね。ちゃんと聞いている。『ウルセェ!』なんて言うのはいないものね」と、おばさんは言っていた。

「それとも、おばさんがすべての生き物に通じる共通語を持っているのかしら」

おばさんは、ちょっぴり自慢げに鼻を動かした。

満身創痍のおばさん

おばさんの体には、いつもどこかに猫の引っ掻き傷がついている。シロ子の時は顔だったので心配したが、「今さら、お嫁に行くわけじゃないからいい」と言ってくれた。

おばさんは、猫を籠に入れる時、大捕物を演じている。

俺たちはおばさんを信じているけど、いざ籠に入れられるとなると、怯《おび》えて暴れるものだ。猫の方は、「どだい人間の分際で、忍者のごとき曲者《くせもの》を、まして夜に捕まえようたあ、片腹いたいわい」と、右に左にヒラリヒラリと逃げ回りながら、ニャーゴニャーゴと笑っている。

周りの無責任な野次《やじ》猫たちも、「六十歳をすぎた鈍いおばさんに『くの一』が捕まえられるはずがない」と、ニャハハハと笑っている。

あちこち引っ掻かれ、その上、捕まえられずに頭に来たおばさんは、

郵便はがき

料金受取人払

豊島局承認

3394

差出有効期間
平成20年3月
15日まで

171-8790

425

東京都豊島区池袋3-9-23
ハート出版

①ご意見・メッセージ 係
②書籍注文 係（裏面お使い下さい）

ご愛読ありがとうございました

ご購入図書名	
ご購入書店名	区 市 町　書店

●本書を何で知りましたか？

① 新聞・雑誌の広告（媒体名　　　　　　　）　② 書店で見て
③ 人にすすめられ　④ 当社の目録　⑤ 当社のホームページ
⑥ 楽天市場　⑦ その他（　　　　　　　）

●当社から次にどんな本を期待していますか？

●メッセージ、ご意見などお書き下さい●

ご住所	〒		
お名前	フリガナ	女・男 歳	お子様 有・無
ご職業	・小学生・中学生・高校生・専門学生・大学生・フリーランス・パート ・会社員・公務員・自営業・専業主婦・無職・その他（　　　）		
電　話	（　　-　　-　　）	当社からのお知らせ	1．郵送ＯＫ 2．FAX ＯＫ 3．e-mail ＯＫ 4．必要ない
ＦＡＸ	（　　-　　-　　）		
e-mail アドレス	@　　パソコン・携帯		

注文書	お支払いは現品に同封の郵便振替用紙で。(送料実費)	冊 数

「少しは協力しないと、明日から食事の質を落とすよ！」

と、野次猫たちに八つ当たりをしていた。

おばさんは俺たちの背中に、時々「蚤《のみ》取りの薬」をつけてくれる。「虫下し」も餌のマグロの中にねじ込んで食べさせてくれる。だが、それだけでも警戒して、おばさんの手を咬《か》もうとするものもいる。猫は弱い動物なので、警戒心が強いのだ。

そんなに傷をおわせて申しわけないが、おばさんのこうした薬のおかげで、俺たちは助かっているのだ。

おばさんが目に眼帯をかけてやって来た。幽霊屋敷の梅の木の枝でイヤッというほど目を突いてしまったのだ。暗がりなので、とび出している枝が見えないからだ。

おばさんは前にも目を突き、一ヶ月くらい眼帯をかけていたことがある。それ以来、何かを見ていると目が痛くなって、いつも目にいっぱい涙がたまってくると言っていた。

片目だと距離感がつかめなくて不便だ。このあたりだろうと見当をつけて手を伸ばしたら、それより先で、手前にある物におデコをぶつけてしまう。顔を洗ったりすると痛いとも言っていた。泣き面に蜂だ。

おばさんはまさに満身創痍《そうい》で、俺たちを守ってくれている。

おばさんは、昨晩は「耳なし芳一《ほういち》」をしてしまって痒《かゆ》いと耳をかいていた。ここは藪蚊がいっぱいいるので、おばさんはいつも蚊避けを塗って来るのだが、耳だけ塗るのを忘れたら、見事に耳を喰われたのだ。「蚊もさすがだね」と感心していたが、俺はそこは感心している場合かなと思った。

行儀の良い雌と知らんぷりの雄

おばさんは、猫は食事の仕方も、雄と雌とではずいぶん違うという。雌は行儀良く、端からきちんと食べる。また食べ終わると、雌猫のチャコは必ず「ニャーゴ、ゴチソウサマ」と言ってから帰る。実にかわいい。ところが雄は、おいしそうな物だけ先に食べる。次に缶詰を食べ、最後に仕方ないとでもいうようにドライフードを食べる。そして食べ終わっても、食い逃げのように何も言わずに帰っていく。

ごつい体で岩のような色をしている雄の「岩男（イワオ）」は、豪傑食いだ。大口でパクパクと食べて、食い散らかして行ってしまう。今日もおばさんに、「もっとお行儀良く食べなさい」と叱られていた。

岩男は、おばさんに注意されたぐらいでは、一向に応えない。「カンラカンラ」と笑いながら、口の周りにいっぱい食べ物をくっつけて行ってしまった。しょうのない奴だ。明日、俺からひと言、注意しておこう。

切ない軽さ

猫たちはみんな、おばさんが来ると嬉しくてたまらない。「あたしのおばさんよ」「僕のおばさんだい」と、おばさんの取り合いになる。幼い子はおばさんのところへ、「ダッコー」と抱かれにいく。「オンブー」と背中へ乗ってゆくのもいる。

俺も乗ったらおばさんは尻もちをつき、「さんちゃん、おまえもか」と、降ろされてしまった。無理もない。小柄なおばさんに俺が乗ったら、潰れてしまう。

みんなのお陰でおばさんの洋服は、いつもニャンゴラ（アンゴラ）入りと言っていた。

「みんな淋しくて愛情に飢えているのね。まだ幼いから抱いてもらう温もりが恋しいのね。母猫はいつまでも子猫を抱いていることはできないから、その代わりに、おばさんが抱いてあげましょう」

おばさんはそう言って、小さい子を抱いていた。

おばさんが言ったことがある。

野良猫たちは、ふわっと膨らんで見えるが、どの子も抱くと軽い。寒さと相手に対する威嚇《いかく》の意味でも毛を膨らませているが、ずっしりと重い子はいない。肥満になるほど、食べ物に恵まれてもいないから。抱いた時の空気のような、その軽さが切ないと。

今、おばさんの家にいるパイとマロンの雌猫は、ダイエットをしないといけないほどらしく、抱くとズッシリと重いという。家の中だけで運動不足もあるが、食べすぎが一番の原因だ。

パイは真っ白い猫で、マロンは赤茶色の無地。

外猫に、パイのように真っ白い子はいない。白猫は白が汚れて、グレーのようになっている。白が白でいられるということ、それがどんなに恵まれたことなのか。

また野良猫は、おいしい物を食べる時「ウゥーッ、ウゥーッ」と威嚇のうなり声をあげながら、大急ぎで食べる。ほかの猫に取られないように。家猫はそんな声をあげない。のんびりと食べている。

おばさんは、パイの白さを見るたびに、マロンの横にはみ出た大きな太鼓腹を見るたびに、外猫の厳しさを思いしらされると言っていた。

雨宿りも許されない?

公園は犬がたくさん朝も夜も散歩している。昼間は子供たちが遊んでいる。また、強い雄猫もウロウロしている。したがって、弱い雌猫は公園にあまり長い時間はいられない。だからそういう雌猫は、いきおい団地の方へ流れていくことになる。

年をとった茶トラの「チャコ」などは公園には一時《いっとき》もいられない。おばさんがチャコといっしょにいて、家の真下の一階の人に「すみません」と言うと、その人は「かわいいじゃない」と笑みで答えてくれたそうだ。

おばさんは、長いあいだ野良猫に接しているうちに、野良猫と同じ目で人を見るようになり、人の優しさも冷たさも、猫と同じように感じるようになってしまったと言っていた。だから、こういう思いやりの言葉を聞くと、思わず体の底からあたたかいものが込み上げてくるそうだ。

一方で、「団地は猫が禁止だから、私たちはここに住んでいるんだ。それをこの周りを猫にウロウロされては困る」と言って、猫を見ると追い払う人がいる。しかも、絶対に許さない。団地の理事会や役員や行政機関、警察や保健所に繰り返し言って行く。

それは冷たい雨の降る日だった。団地の階段の下の雨のあたらない所にいた「冬子チャン」も、邪険に雨の中に追い払われた。しばらくして戻って来た冬子チャンを、非情にもまた行って徹底的に追い払った。次の日、冬子チャンは水たまりの中でボロ雑巾《ぞうきん》のようになって死んでいた。

俺はこの話を聞いたとき、涙をこらえることができなかった。

おばさんは、激しい怒りにかられた。おばさんは、猫で迷惑をかけてすまないとは思っているが、言わずにはいられなかった。

「規則だから、自分たちの方が正しいんだと堂々とまくしたてるが、本当にそれでいいのでしょうか。自分たちも人の子ではありませんか。人の親ではありませんか。人としての情はないのですか。そんなにしてまで規則は守らなければいけないのでしょうか。かわいそうな小さい命ひとつも生かしてやれず死に追いやってしまうほど、人間の暮らしはせまいものなのでしょうか」

厳しい自然のまごころ

ある夜、おばさんは生まれ故郷のことを語った。
おばさんの家は、長野県の松本市なので、四方を山に囲まれていた。
家の二階の西側からは常念岳の後ろに、槍ヶ岳の穂先がよく見えた。東側からは、牛伏山や美ヶ原高原などが仰げた。北は白馬立山連峰、南は穂高連峰と、どちらを見ても山の見えぬことはなかった。

おばさんたちは、その四方を山に囲まれた松本平の真ん中で、自然をいっぱい感じながら育った。育ってきた想い出の中には、いつも山があった。遅い春ではあったが、野にいろんな花が咲き乱れる春のこと、涼しい盆地の心地よい短い夏の風のこと、周りの山々が紅葉に染まる早い秋のこと、一面の銀世界で冷たい雪の長い冬のことなど、どんな時にでも山と自然があった。

山をぬきにしては、松本のことは考えられない。

三千メートル級の山々が連なる険しい日本アルプスには、直角に切りたったいくつもの断崖がある。極寒の冬においてその断崖の裂け目は、イワツバメの家となる。吹雪が荒れ狂う中、そこだけは無情な雪を防いでくれるからだ。

自然は常にこのように、温かい「まごころ」を持っている。

自然でさえそうなのに、なぜ野良猫というと、目くじらをたてる人がこうも多いのだろう。野良猫は、そんなに害のある生き物なのだろうか。

こんなに猫同士でルールを重んじて一生懸命に生きているのに。糞をするからとか、人間の都合のみで考えてはいないだろうか。野良猫の中には、人間の無責任さゆえに、厳しい野良暮らしを強いられている猫たちがいっぱいいるのに。

猫はこの世に存在してはならないものだろうか。だったら、なぜ神は、この世に猫をおきたもうたのだろう。

おばさんは、頭の中でいくどとなく繰り返される、こんな思惑に疲れてしまったようだ。

「山に囲まれた故郷の花の下で、永遠の眠りにつきたいものね」

ぽつんともらしたおばさんの言葉に、俺は返す言葉がみつからなかった。

猫さらいにやられた

大変なことが起こった。

「猫さらい」が出現したのだ。

あのものすごい伝染病の嵐の時のように、猫たちは根こそぎ連れて行かれてしまった。

猫さらいというのは、主にグループで猫を捕まえて殺し、その皮を売ってお金にしているのだそうだ。または、動物実験として必要としている所へ売りつけるのだ。

マタタビをつけた餌の中に睡眠薬を入れて、それを食べて寝込んだ猫を連れて行ってしまう。

猫さらいのグループは、公園でカップルを装ってみたり、女同士おしゃべりを楽しんでいるような様子をしてみたり、男同士でタバコをふかして休憩を取っているといったふりをしてみたりと、入れ替わり立ち替わり、二人ずつ現れては、人気《ひとけ》の途切れたのを見計らい、猫を連れて行ってしまうのだ。

「墓地や野球場でもずいぶんやられたから、気をつけるように」と、猫仲間から言われてはいたのだが、一晩中、寝ずの番をして見張っているわけにもいかず、だいぶ連れていかれてしまった。

かわいい猫を連れて行かれた人たち数人が、警察にかけ合った。「パトロールを強化しましょう」とのことだったが、全然ダメだった。「被害届を出して下さい」とも言われたが、野良猫たちの被害届をどうやって書いたらよいというのだろう。

「住所は？　公園」「名前は？　ミニ」「親の名前は？　コチャとシロ子」「保護者は？　猫おばさん」で通るのだろうか。でも、とにかく出すことは出したが、猫が戻ってくるものでもない。

「ミニ」も「影」も「カエデ」も「ツタ」も「イツノ」も「ヒカエ」も「公園チャン」も連れて行かれてしまった。

ミニはシロ子の子供で、影はビシンが育てた子だった。ミニは母親のシロ子と同じに、白地に少しだけ黒のある色合いで、二匹とも公園の中では目立ってしまう。影とビシンはシロ子とミニとは反対に、黒地に少しだけ白がある猫で、公園の中では目立たないのだが、それでもダメだった。

ミニも影もかわいい子たちだった、とおばさんは悔しがった。二匹とも伸びあがって、おばさんの口に自分の口を押しつけて、親愛の情を示した。背中に負ぶさってきて、おばさんの髪の毛に、自分の頭をこすりつけていた。梅の花のような手のひらで、おばさんの顔をなでていた。

おばさんは、「何もしてくれなかったら、こんなにつらくはないのに」と苦しんでいた。

カエデもツタも、おとなしい子たちだった。いつも遠慮して、オズオズと出て来た。色合いも性格と同じように、控えめなこげ茶っぽい縞模様だった。

おばさんは、不憫《ふびん》でならないと言って泣いた。いなくなってみると、いっそうその遠慮深さが、かわいそうで仕方がないと言っていた。

イツノはノラクロとそっくりの黒と白の模様で、動作がいつもゆったりとしていた。ヒカエは背中は茶トラで、お腹は白かった。イツノと反対に、動きがすばしこかった。色も性格も対照的な二匹だったのに、揃っていなくなってしまった。

公園チャンは白地に少し茶の入っている雌猫だったので、夜の公園ではよく目立った。公園チャンは、公園の中の木の上で寝泊りしていた。彼女にとって、木の上が一番安全な場所だったのだろう。優しい子で、公園で遊ぶ子供たちにとっては、マスコットのような子だった。

子供たちは公園チャンのために、木の上に傘を結《ゆ》わえつけたり、藪の中にダンボールで家を作ったりしてくれた。だが、それらは心ない大人たちによって、すぐに撤去されてしまった。

だから、公園チャンが一番先に連れて行かれてしまった。おばさんは、その木の下を通る時には今でも「公園チャン、オヤスミ」と言って通りすぎる。

公園チャンは、公園でいつもお星さまやお月さまといっしょだった。だから今も「月の女神ダイアナの宮殿」で、お月様と一緒にいることだろう。

難を逃れ残された猫たちは、仲間を探して歩いた。何週間も泣いて探し回った。おばさんは、俺たちが泣いて探し歩く姿を見ていることができないと言って、おばさんも泣いていた。

猫にとっても仲間は、それほど大切なものだ。絆の深さは人間が考えている以上だ。人から餌をもらっている猫は、人に慣れている。疑うことをしない。「オイデ」と言われればすり寄ってゆく。そんなかわいい子たちがみんな連れて行かれてしまった。

経験が浅く何も知らない幼いものが、やられてしまった。人を見たら、まず疑ってかかれという野良猫の鉄則は、長い野良生活のあいだに培《つちか》われていくものだ。

公園に出入りしていた猫たちは、全滅した。公園に猫がいなくなったら、猫さらいも来なくなった。

母猫が子猫を呼ぶ声は、切ない木霊《こだま》となって、いつまでも夜のしじまに響いていた。

母猫が子猫を呼ぶ声は、実に優しい。「アーン、アーン」と、優しく呼ぶ。子猫はそれに対して、「ニー、ニー」としか言えないのだ。

いつもはそんなほほえましいやり取りなのに、いなくなった子猫を呼ぶ声は、まさに半狂乱で、吠えるように大きな声で叫ぶ。かわいい盛りの子をみんな連れて行かれたおばさんもまた、狂ったように呼び続けた。

猫の数は、これでまたガクンと減った。

俺は、だだっ広くて寒く感じるようになった周りを見回した。ここはこんなに静かだったろうか。夜の暗がりも、不気味なほどに暗かった。

お月さまの巻

アネチャンの死

アネチャンが死んだ。

幽霊屋敷の主のような姉御のアネチャンが。

伝染病の襲来や、続いて襲ってきた猫さらいの禍《わざわい》などで、アネチャンの子や仲間がずいぶんいなくなってしまった。アネチャンは年をとってきていることもあり、それですっかり気落ちしてしまった。

野良としてファミリーを組んでいる猫たちは、仲間が欠けていき、ファミリーが崩れて行くのが耐えられない。一匹で気ままに生きているのではなくて、みんなで生きているからだ。

アネチャンは、娘のクミに看《み》取られながら死んでいった。クミは母親の死に付き添った。

だが、こうしてファミリーを結成するのは、雌だけだ。雄は、「俺は無頼《ぶらい》の徒」と一匹狼を気取って、格好をつけて去って行く。

俺は長年の伴侶のアネチャンに死なれて、すっかり参ってしまった。体重も半分の五キロくらいになってしまった。

夫婦の絆は永遠だ。

おばさんに、「さんちゃん、急に年をとったね」と言われた。

おばさんも何だか、ガクンと老《ふ》けた感じだ。俺だけでなくおばさんも、こたえたのだ。

今日は夕方、雨上がりの東の空に、大きな虹がかかっていた。アネチャンはあの七色の虹の橋を渡って、バラの園へ行ったのだろう。

そこは赤トンボがスイスイと飛んでいて、みんなで赤トンボの歌を歌っているのかな。

先に旅立っていたみんなは、姉御のアネチャンがやって来て喜んでいることだろう。アネチャンの子供もいっぱいいいるものな。

俺は、早くそこへ行ったアネチャンに向かって少し愚痴をこぼした。

「勝手に先に行ってしまうなんて、ずるいぞ」

仲間はそんな俺を、「親分も年を取ったなあ」と心配そうに見ていた。

猫神様のお陰

おばさんが足首を捻挫《ねんざ》した。

暗がりで猫たちに餌をあげているので、足元がよく見えなかったからだ。

おばさんは痛さで動けず、しばらく地面に座り込んでいた。運悪くおじさんがまだ仕事から帰ってきていない夜だった。おばさんは三十分くらいたった後、這《は》うようにして帰って行った。

それでもおばさんは、片足をひきながら次の夜もやってきた。

おばさんは、この近くの大きな病院すべてに入院したことがあると言っていた。おばさんは結構、体が弱いのだ。もしかしたら、今は俺たちに対する気力で病気をしないのかもしれない。

医者から、骨粗鬆症《こつそしょうしょう》だからカルシウムを摂って、太陽の下で運動するようにと言われて

いるのに、「毎晩、太陽ならぬ月の光の下で歩いているものね」と言って笑っていた。

俺は、骨折でなく捻挫で良かったと思った。俺は自分が足が悪いだけに、今のおばさんの危険な状態がよく分かる。何かあっても逃げられないからだ。

おばさんの方は、「さんちゃんの気持ちがよく分かる。さんちゃんは毎日、こんな大変な思いをしているのね。かわいそうに」と、足の悪い俺に同情してくれた。

俺は猫たちみんなに「おばさんを見守っているように」と伝達した。そして「猫神様」に祈った。「おばさんを守って下さい」と。

その祈りが通じたようだ。

おばさんが歩けるようになって、それまでにたまっていた買い物をしにバスで出かけたところ、そのバスの運転手が走行中、心臓発作で倒れた。運転手は倒れる寸前、急ブレーキをかけてバスを急停止させた。

さすがプロ意識と、バスの乗客みんなで感心したそうだ。

おばさんは一番前に乗っていたので、あのまま暴走していたら、今頃どうなっていたか分からない。

おばさんは、「猫神様が守ってくれたのね。今死んだら、残された猫たちは飢え死にしますよと、生かしておいてくれたのね」と言って、俺といっしょに猫神様に手を合わせた。

おばさんの具合が悪いと、猫たちもシュンとしている。何となく分かるのだ。

おばさんはそれから三ヶ月くらい、片足をひいていた。

深い秋の悲しみ

秋も深まり、夜もめっきり冷えるようになった。おばさんは二匹の「猫アンカ」のほかに、電気アンカも入れて寝ていると言っていた。
そんな日の中、「ユリエ」が天国に旅立って行った。
俺たち野良猫は、寒い冬に備えて脂肪を蓄えるため、秋になるといっぱい食べる。毛もいっぱい貯め込む。さもないと暖房もない厳しい冬を越すことができないからだ。
反対に、暑い夏に備えて春はあまり食べない。痩せている方が夏は過ごしやすいから、毛もスカスカだ。自然の中で生きる知恵だ。

ユリエは元から細身の猫だった。白地に少しだけ黒のある、「ワコ」のような雌猫だった。白百合の花のように、楚々《そそ》としている風情から、ユリエと呼ばれた。

寒くなってから風邪をひいたりして病気になると、命とりになる。寒い冬を越すことができないからだ。ユリエもダメだった。

もう、ここより天国の方がいっぱいになってしまった。俺は天国に行くことを恐れはしない。待っている仲間がいっぱいいるから。

おばさんも天国に行くのが楽しみだと言っていた。みんなが待っているからと。

おばさんが話してくれたことがある。

天空の時は、ゆっくりと流れるそうだ。地上の二十四時間の一日と違って、ゆっくり、ゆっくりと流れてゆくそうだ。だから俺も、大してみんなを待たせることもなく、みんなといっしょになれるだろう。

今夜は満天の星空だ。天国のある空は、あんなに明るいんだ。みんなは、あの星のいっぱい輝いている空にいるんだなあ。

それに比べてここは、なんて暗いんだ。梅の木の枝も、まるでお化けのようだ。夜の大魔王が降りてきているようだ。

大学の近くで会った子は、ガリガリに痩せていた。もう幾日も、何も食べていないのだろう。

俺は食べた物を吐き出して、その子に食べさせてやった。雌猫はよくこういうことをする。いっぱい食べ物を詰め込んでいって、吐いて子猫に食べさせるのだ。

俺はその子に「オイデ」と言ったが、その子は首を横に振った。もう歩く力もなかったのかもしれない。

その点、俺たちは恵まれている。おばさんのお陰で毎晩、「出前つきの日替わり定食」をご馳走になっているから。

おばさんが言っていた。具合が悪くて食べられなくなっている猫が急に二、三日よく食べる。「良かった、回復したんだ」と思うと、そうではない。旅立ちに備えて道中を無事に渡って行けるように腹ごしらえをしているんだと。その後、全く食べられなくなり、まもなく旅立ってしまうと。

あの子は俺のあげたものを、道行きの糧としてくれただろうか。

枯葉が周りに降りそそいでいた。あの子の上にも落ちていた。あの子も茶色の枯葉色をしていた。あの子は、あのまま動くこともせず、枯葉の中に埋もれていくことだろう。枯葉が音もなくふりそそぐ深い秋の悲しい物語。

花は心を美しくさせる

幽霊屋敷には、梅の木がいっぱいある。

人が住んでいた頃は「梅の木アパート」と呼ばれていたのではないだろうか。

二月頃になると、暗い夜空の中に、白い梅の花が幻想的に浮かびあがって、雄の俺が言うのもなんだが、ほんとうにキレイだ。

おばさんはそれが好きらしく、その頃になると、ゆっくりと俺たちの傍らにいて、花を見ている。

花の名前ってロマンチックよねと、おばさんは言った。「都《みやこ》忘れ」「ほととぎす」「紫式部」など、夢がいっぱいある名前が多い。みんな、ここ幽霊屋敷にも咲いている。そして、み

んな紫色の花をつける。紫色は典雅で高貴で素敵な色らしい。

花を見て「ああ汚い、嫌いだなあ」と思う人はいない。道端に咲いている黄色のタンポポ一輪でも「キレイだなあ」と思う。小さなスミレ一輪でも「素敵だなあ」と思うのは、人も猫も同じだ。

そして、花はいろんな色を身に着けられる。淡い薄紅色でも、情熱的な真っ赤な色でも、光り輝く黄色でも、澄んだ水色でも、清楚な白でも、どんな色でも身にまとえる。

西穂高岳のお花畑には、伝説的な「黒百合」も咲くという。

「花は見る人すべての気持ちを和ませ、心を美しくさせる。花って本当にすごい」と、おばさんは言った。

おばさんの生家の広い庭にも、たくさんの花や木があったが、おばさんの印象に残っているのはザクロの木だそうだ。十月頃なってパクリと割れたルビー色の実がなると、採って食べた。今でもその甘酸っぱい味がなつかしくて、ザクロを食べたくなるという。この近くで、ザクロをあまり見かけないのが淋しいと、つぶやいていた。

「おばさん、天国ではいっしょにザクロの木を植えようよ。きっと、ルビーのような真っ赤な実がたくさんなるから」

おばさんが酸っぱそうに、それでも嬉しそうにザクロを食べている様子が目に浮かんだ。

猫屋敷の楽しみ

二月になると埼玉にいる娘さんがおばさんを、越生《おごせ》の梅林に行こうと呼んでくれる。右も左も梅の木がいっぱいで、ほのかに香る梅林に行くのは楽しいと、おばさんは言った。それだけでなく、もう一つ楽しみがあるそうだ。その梅林の近くに「猫屋敷」があって、野良猫がいっぱいいるらしい。その家では野良猫たちのために、離れの家を開放しているそうだ。

おばさんはその家の主の顔を見ると、鏡に映った己の姿を見るようで、「ああ、ここに同類がいる」と、娘さんと顔を見合わせてニンマリするそうだ。

群馬の娘さんの家の近くにも、猫屋敷があったという。孫をベビーカーに乗せて散歩しながら、その農家の前に来ると、いつも立ち止まってしばし門柱の上や塀の上などにいっぱいいる猫たちを見ていた。

そのほかにも、ベビーカーを止める場所がもう一つあった。河原に掘っ建て小屋を建てて暮らしている人がいて、その周りにもいつも猫がたくさんいた。たぶんその小屋の住人が餌をあげているからだろう。そのそばの川岸には、白鷺がいた。その光景が良くて、土手の上から長いこと眺めていた。

おばさんは、「こんなほのぼのとした環境の中で子育てができる娘たちは恵まれているなあ」と、いつも思うそうだ。

おばさんからこの話を聞いた俺は、幽霊屋敷の越生版だなと、俺もまたニンマリした。

都会のタヌキ

幽霊屋敷には、タヌキの親子もやってくる。もう何代にもわたって親が子を、その子がまた産んだ子を連れて来る。

あのおばさんは大丈夫と思うらしく、平気でおばさんのそばへ寄ってくる。

「おばさんは、犬でも猫でも動物に嫌われたことはない。初対面でも平気で寄ってくる。

でも頃合の人間の男性は寄ってこないの」と笑っていた。

もちろん俺たちもタヌキに何もしない。タヌキの方も俺たちに何もしない。いっしょにごはんを食べている。

タヌキの体格は、猫と比べても、そんなに大きくはない。雄猫と同じくらいだ。だから猫にとっては、そんなに威圧感を感じなくて、敵対心を抱かないのかも知れない。

おばさんが来るのを俺たちといっしょに待っているタヌキに、おばさんは何をあげてよいか迷った末に、犬用の餌を持ってくることにした。

初めの頃はおとなしく食べていたタヌキも、なれてくるにしたがって注文をつけるようになり、「きのうのごはんはおいしかったのに、きょうのごはんはまずい、あっちの方が良さそうだ」と文句を言って、猫の分を取りにきて、猫ともめたりすることもある。

おばさんは、仲裁に入るのが大変だと、こぼしていた。

タヌキも猫を（人を）見る目があるのか、俺などのは横取りにこないが、大概はおとなしい雌猫のをサッとくすねていく。そのたびに「ダメーッ」とおばさんに怒られている。

タヌキも猫と同じく、犬が苦手だ。猫のように木に登って逃げることができないから。

猫は排泄物といっしょに臭《にお》いも外に出してしまうので、猫の排泄物は臭《くさ》いと言われるが、猫自身はにおわない。だがタヌキは、そばに来ると野生の臭いがする。だからいくら物陰に隠れても、犬には臭いで分かり、吠えられる。だから、犬が来るとタヌキは絶対に出てこない。用心深く犬の気配を伺って、犬がいないのを確かめてから大学の方からここにやってくる。

猫も足をケガしているものが多いが、タヌキも足をやられているものが多い。

猫と同じように、タヌキも子供を二匹ずつ連れてくる。その子ダヌキのうちの一匹が、足をケガしていた。おばさんは自分が片足をひいている時だったので、その子ダヌキのことを特に気にかけていた。

その子ダヌキが、死んでいたのだ。

犬にやられたのか、悪ガキにやられたのか、悪意のある人間の大人にやられたのか。足が悪いため逃げられなかったようだ。

おばさんは恥も外聞もなく泣きだした。

「どうして？　タヌキは何もしない。ただ、いるだけなのに、どうしてなの？」

タヌキはトイレも決まった場所でするそうだ。鳴き声もたてない。おとなしく食べて、終わるとまた大学の方へ帰って行く。

おばさんは子供のように、しゃくりあげながら、帰って行った。

タヌキも俺たち野良猫と同じように、外の世界で生き抜くのは大変なのだ。俺はタヌキに、同じ境遇に生きる同類としての共感を抱いた。

八方ふさがりの心

おばさんは、また言われた。

「この猫たちを、どこかへ連れて行くように」

猫はどこかへ連れて行かれても、そこで生きられるわけではない。そこにいる強い雄や雌に追い払われるからだ。よそ者がそこに溶けこむのは容易なことではない。

そこにいるということは、そこならいられるからいるのだ。どこかへ連れて行けというのは、殺せというのと同じことを意味する。

この幽霊屋敷だって、空き部屋はたくさんある。だが、この子は一号室、この子は二号

室、向こう三軒両隣、仲良くなんてわけにはいかない。強い雄と強い雌一族のみが住めるのだ。

「かわいそうに、この三界《さんがい》に生きる場所なんてないのね」と、おばさんはため息をついた。そして俺に聞いてきた。

「ねえ、さんちゃん。あの山の彼方《かなた》の空遠くへ行ったら、みんなで住める幸せな所があるかしら。みんなで山の彼方へ幸せを求めて探しにいこうか」

いくら仮の宿りとはいえ、この世は本当に住みにくい。野良猫に接し始めてから特に、この仮の世の住みづらさを実感していると、おばさんは言った。

野良猫たちを助けてあげようと思うと、周りと摩擦が生じる。

野良猫たちから手を引けば、自分の心の中に摩擦が生じる。

八方塞がりの、どうしようもないものに押し潰されそうになるという。

そんなおばさんの苦しみを見て、「宗教に入っていっしょに祈りませんか?」と誘ってくれた人がいたそうだ。でも、おばさんは断った。ただ祈っていても何も解決しない。なにかを救おうと思ったら、それは祈ることではなく、実際に泥にまみれて身体を痛めつけることだからと。

ウメ子の生きる知恵

猫の世界は、年齢による序列がはっきりしている。

食べ物も、年が上のものから先に食べる。年下のものが先に食べに行くと、年上のものは「待て」というように、その子の頭を押さえる。するとその子は、「申しわけございません」というように、悪そうにやめる。

今いる猫の中では「ウメ子」が一番若い。ウメ子は出て来ると、ほかの目上の猫たちみんなに頭をこすりつけ、服従の意味も込めてあいさつに行く。

タヌキにまであいさつに行くのをみて、おばさんは笑っていた。

ウメ子はクミと何か血縁関係にあるのかも知れない。二匹はよく、くっついている。顔も色もどことなく似ている。幼いのに、何事もなくここにいられるのは、そういう利点があるからかも知れない。

さもないと、古参の雌猫に追い払われる。クミなんかにはまっ先にやられるはずだ。そのクミがウメ子をかわいがっているのは、そんなところからだろう。

ひとりで迷い込んできた幼い子は、たいてい古顔の猫に追われる。人間だけではなく、猫仲間からの厳しい制裁も受けて、それをくぐり抜けたもののみが、そこで生きられるのだ。

野良猫たちが、「誰でもいいよ。お好きにどうぞ」などとやっていたら、自分たちまでがそこで生きていくことができなくなってしまう。自分たちが生き抜いていくためには仕方がないことなのだ。

誰にでも従順な性格のウメ子は、どの雌猫からも邪険にされることがなく、梅の花がいっぱい咲いている中で、梅の実を転がして無邪気に遊んでいた。このあいだなどは、幼いタヌキの子と、その実でサッカーをして遊んでいた。

俺もおばさんもそんな無邪気な光景に、ほほえみながら見とれていた。

倒木でぎっくり腰

前日の台風で古いシュロの木が倒れ、幽霊屋敷の中の通路を塞いでしまった。

俺は初めから無理だと分かっていたが、それでもおばさんは、何とかその木を動かそうとした。でも、重くてちっとも動かない。木の方がおばさんの体重より何倍も重いのだ。動くはずがない。

おばさんは、押してダメなら引いてみようと苦労していた。それを見て、おもしろそうだと、猫たちまでその倒木の上に乗っかってくる。猫は好奇心が強く、遊びたがり屋なのだ。「さとる」などは、俺が「降りろ」と言っても全く降りる気配がない。シュロの幹と同じような色合いのさとるが上に乗っている様子は、まるで木の瘤《こぶ》がくっついているかのようだ。

おばさんは、渾身の力で木を引っ張った拍子《ひょうし》に、ギックリ腰になってしまった。おばさんは、木の枝を杖にして、顔をしかめ、やっとの思いで帰って行った。

俺はさとるの頭をコツンと一つ叩いた。

おばさんは、それでも次の夜もやっては来たが、立ったり座ったりが痛くてできないからと、みんなの食事をただ置いただけで帰って行った。

しばらくそんな調子だったが、倒木の方は、となりの駐車場の持ち主の息子さんが、引っ張ってどかしてくれた。おばさんが苦労しているのを見ていたのかも知れない。

おばさんは、これで暗がりを歩いても木につまずいて転ぶことがないと喜んでいた。

猫は少しでも珍しい物があると、すぐに「ナニ？　ナニ？」と顔を出す。おばさん家の猫たちも、何か荷物が届くと一番初めに臭いをかいだりして調べるそうだ。物を動かしても「ドレドレ」と初めに様子を見に来るのも猫たちだ。

「何にでも興味を示すということは、それだけ知能が高いということ。すぐにおもしがって遊びにしてしまうのは、それだけ感性が豊かだということよ」

おばさんはそう言ってくれた。

お褒めにあずかってどうも。俺はちょっと恐縮した。

捨てられた飼い猫ミケチャン

「ミケチャン」は、幽霊屋敷でおばさんが猫に餌をあげるのを知っている誰かに、籠ごと置いていかれた。「トラさん」もそうだ。

でも置いていかれても、ここで生き残れる猫は少ない。飼い猫だった猫は、初めから野良だった猫と違って、一人で生きていく術《すべ》を知らない。大概は追い払われたり、病気や事故や飢えで死んでいく。

家にいる猫は、人間を心の底から頼りきっている。いつも家人の姿を追っている。あちらの部屋で猫が寝ていて、こちらの部屋で人が仕事をしていると、猫は目が覚めて人の姿が見えないから、すごく大きな声で鳴きながら探しだす。家人が留守にすると、ただひたすら帰って来るのを待っている。夜も人といっしょの布団で寝る。

そんな猫が突然、捨てられて外に放り出されたら、どんな気がするだろう。気が狂った

ように飼い主を探すだろう。頭がおかしくなるほど、苦しむことだろう。

どんな事情があるにせよ、こんなことは絶対してはいけないことだと、おばさんは語気を強めた。

染色体の関係で三毛猫の雄はいないそうだ。三毛猫はみんな雌だ。ごくたまにいる三毛猫の雄は「天気を教える」といわれて漁師に重宝がられるらしい。

ミケチャンは、初めから逞《たくま》しいものを持っていたのか、姉御のアネチャンがいなくなった後で追い払われることもなかったせいか、ここで生き残った。

キレイな雌猫で、雄猫たちは夢中になった。猫だって美猫（美人）には弱い。だが避妊手術をしてあったミケは、雄どもを相手にせず、どの雄猫にも知らん顔をした。

そして今ではこの幽霊屋敷で番を張っている。クミも年をとってきたせいもある。

でもかわいそうに、白が多くて目立つミケは、あの駐車場から石を投げる奴の標的になり、いつもケガをしている。

野良猫としてやっていける猫は、錆《さび》色をした「さびちゃん」のような保護色が良い。さびちゃんは藪に隠れたら見つけづらいが、ミケはすぐに分かる。

俺は奴の車が入って来るのを見ると、「ミケ、逃げろ！」と叫ぶ。

人に飼われて安全な所で暮らしていたミケは、危険を察知する本能が鈍い。早く野良猫としての智恵を身につけていってほしいものだ。

ところがそれから数日して、俺たちは少し溜飲《りゅういん》の下がる思いがした。小学生の女の子が三人で、奴の車の土ぼこりに「×印」をつけ、手を合わせ何か願っているのだ。何をしているのかとそばに行ってみると、「神様、どうか猫をいじめるこの車の人に罰を与えて下さい」と言っていた。

奴はこっそりやっているつもりでも、やはり見ている人はいるのだ。

俺たちはありがたくて、その女の子たちの後ろ姿に、梅の花形の手のひらを合わせて、みんなでお礼を言った。俺たちはそれほど嫌な思いをしているからだ。

夜になっておばさんにこの話をしたら、おばさんは、「ストーカーの車にもやってくれたら良かったのにね」と言った。

俺はストーカー野郎の車にも、こっそり梅の花の刻印を、三つ押した。

仲間を助ける方法

最近、雌猫のさびちゃんがよく食べる。理由は分かっている。「コゲチャン」に、あげるためだ。コゲチャンは、男の子に石を投げられて追いかけられ、夢中で逃げる時にガラスの破片で足の裏を切り、ケガをしたのだ。

さびちゃんもコゲチャンも　タヌキと同じように、大学の方から石垣を降りて、幽霊屋敷にやって来る。そのため、ケガをしたコゲチャンは長い道中を歩いて来ることができない。だからさびちゃんは、コゲチャンの分まで食べていって、吐き出してコゲチャンにあげるのだ。

コゲチャンは、さびちゃんが避妊手術を受ける前に産んだ、さびちゃんの子供ではないかと、おばさんは言っていた。

コゲチャンは、さびちゃんより錆色が濃く、こげ茶色が多いが、体格や顔立ちがよく似ている。二匹とも、人間に絶対に手を出さないし、親しみを持っていて素直だ。

さびちゃんを手術した獣医さんは、「感心するくらいいい子だった」と言っていたそうだが、その通りだ。

体はコゲチャンの方が大きくなったが、さびちゃんにとっては、まだまだかわいい自分の子供なのだ。

猫たちは仲間が病気やケガで動けないと、こうして助けてやる。いいチームワークだ。

おばさんは、「さびちゃん、お腹が重そうね。石垣を登れる？」と言いながらも、「これはコゲチャンの分ね」と、カニカマボコを一本余分にさびちゃんに食べさせていた。

思い出は美しく

おばさんは韓国ドラマにはまっている。

『冬のソナタ』に夢中になったら、こんどは『チャングムの誓い』にひき付けられている。

韓国ドラマには、心の琴線《きんせん》に触れる何かがあるのよねと言っていた。

冬のソナタは映像がキレイで、音楽が心地よくて、役者もキレイで、心の中までキレイ

になる感じだとか。

何十年も昔の淡い初恋を、キラキラと光り輝いていた青春を思い出させてくれるとも言っていた。冬のソナタの楽譜を買ってきて、ピアノで練習しているそうだ。

「さんちゃん、そのうち聴かせてあげるね」だってさ。楽しみだなあ。

俺たちにだって、初恋も青春もある。話せば長くなるから、よしとくけど。

おばさんは時々、故郷の話をしてくれる。そんな時のおばさんの顔が、俺は好きだ。

今日は、上高地にある大正池の話だった。

大正池は、焼岳《やけだけ》が大正四年に噴火したことにより、梓川《あずさがわ》の水が堰《せ》き止められて出来たのでその名前をつけたという。

深いグリーンの池の中に、白い枯木がまばらに立っている。ただ枯木と溶岩のみによって出来上がっているこの池は、早朝などは人のたたずまいもあまりなく、朝もやの中に幻想的な雰囲気を醸《かも》し出している。

後方にはゴツゴツした山肌の焼岳が聳《そび》えている。山全体が灰色の溶岩だ。

その風景は華々しくはない。人間生活の凋落《ちょうらく》のように、ただ侘《わび》しいだけだ。だが、あまりにも美しい。神秘的な神々《こうごう》しいまでの美しさだ。何か愕然《がくぜん》とする。思わず己を忘れて、この殺風景な池に見とれてしまうそうだ。

おばさんは、冬のソナタで、夜の人のいないスキー場の場面をみた時に、ふとこの早朝の大正池のことを思い出したと言っていた。

でもこれは、おばさんの若い頃の話で、あれから何十年も経つから、今はどうかしらねえと、なつかしそうに言った。

今夜は韓国ドラマのある日だ。おばさんはイソイソと帰って行った。

ふるさとの歌

おばさんの家のインコたちは、娘さんたちがピアノを上手に弾くと、一斉に歌い出すが、間違えると、「下手くそ！　真面目にやれ！」と怒るそうだ。おばさんは、インコは音楽を解すると言っていた。
猫は、「猫ふんじゃった」の曲を聞いても、歌ったり踊ったりする芸はしない。だが、

おばさんの家のクッキーという雌猫は、猫の鳴き声だけで作ったクリスマスソングのCDをかけると、いっしょになって鳴いたそうだ。

してみると、音楽的センスがないのは俺だけの問題なのだろうか？　落ち込んでいる俺に、おばさんはまた、故郷の話をしてくれた。おばさんが故郷の話をしてくれると、俺がいつもいろいろ思い浮かべながら楽しそうに聞いているからだ。

おばさんのお母さんは、安曇平《あずみだいら》の穂高《ほたか》の生まれだった。おばさんたち姉妹は、お母さんに連れられて、よく穂高へ遊びに行った。

穂高は、わさびの栽培が盛んで、清く澄んだ水が流れている。

「さんちゃん、早春賦《そうしゅんふ》という歌を知ってる？」

♪　春は名のみの　風の寒さやー

春まだ寒い安曇野の風景を歌った曲。穂高川の岸辺に、道祖神とともに、その歌碑が建っているそうだ。

また五月頃、安曇野から白馬の山を眺めると、「白馬の雪形」がよく見える。白馬という山の名前は、北側の斜面の窪地に残っている雪が、白い馬の形をしているところからついた。白馬の雪形とは、その窪地の雪の形のことだ。

安曇野に住む人たちは、山に残る雪形を見て、「種蒔き爺《じい》さん」の形をしているから爺ヶ岳とか、山に名前をつけた。そういう雪形が、くっきりと見えた。

その白馬の山から流れて来る川のほとりに、ホタルの営巣地があって、夏になるとホタルの乱舞が、それはそれは見事だったそうだ。

「穂高に行きたい。穂高に帰りたい」

ああ、おばさんは周りとの軋轢《あつれき》などで疲れているんだなあと、俺は思った。

野良猫とは一期一会

猫は生まれてから初めの一年で、人間の歳に換算すると二十歳くらいまでに成長し、後は一年に四歳ぐらいずつ歳をとるそうだ。すると俺とおばさんは、同じくらいの歳になる。

俺もこう体の節々が痛くなってくると、おばさんの気持ちがよく分かる。

おばさんは特に夏になると、立ち眩《くら》みがすると言って、立とうとして、もう一度座り込

むことが多い。

幽霊屋敷の猫も、数えるほどに少なくなった。おばさんは、最後の一匹まで見捨てはしないと言っているが、おばさんが体力的にここへ来られなくなる日も近いのではないか、そんな気がする。

俺とおばさんと、天国へ行くのはどっちが先だろうか。

動物は、死というものに敏感だ。俺はおばさんの上にも、影が薄くなったのを感じる。野良猫との出会いは、一期《いちご》一会《いちえ》だと、おばさんは言った。一瞬の出会いだ。出会ったその時を大切にしないと、明日はない。明日また会えるからいいと思っていると、もう会えないことが多い。そんな、はかない出会い、束の間の係わり合い。それほど野良猫の命が短いということだろうか。繰り返される、野良猫との出会いと別れ。

公園の主の大ケヤキの木は、俺はもちろんのこと、おばさんより、ずーっと前から生きている。数えきれないほど多くの野良猫の死も見続けてきただろう。俺やおばさんが死んだ後も、ずーっと生き続けるのは間違いないだろう。

そして公園で遊ぶ子供たちに、「昔むかし、三吉という三本足の猫がいてね」と、昔話を語ってくれることだろう。

か弱い動物を救いたい

俺はおばさんに、「申しわけない」と言った。

俺たちの世話でおばさんは、身も心もすり減らして、寿命を縮めているのだ。

しかし、おばさんは言った。

「いいのよ。みんなはそれ以上のものをおばさんに与えてくれた。猫の賢さ、けなげさ、かわいさ。それを知らない人より、知っているおばさんの方が、ずーっと幸せよ」

おばさんは、拉致《らち》被害者の座り込みに参加してきたと言っていた。

「おばさんが命をかけて守ってあげたいのは、力のない弱い小さな動物たち。拉致被害者にも、そんな無力な生き物に通じる何かを感じるからかもしれない」と言った。

また、おばさんは外出しても、街頭で盲導犬を育成するカンパなどをやっていると、カンパせずにはいられない。そのほかにも　動物に愛の手を差しのべるカンパには必ず協力

すると言っていた。

おばさんは、テレビなどでかわいそうな動物の話が出ると、どうしても身につまされすぎて、まともに見ていられなくて、すぐにテレビを消してしまうそうだ。正視することができない弱さがあるとも言った。

二人の娘さんたちも、何も秀でたものがなくともよいから、動物をかわいがる子に育ってほしいと願って育ててきたという。二人とも、その通りに育ってくれた。世間の目がどうであろうと、おばさんはそんな二人の娘たちが嬉しい。

「おばさんも、さんちゃんと同じに、結構、親バカね」

おばさんはそう言って笑った。

おばさんのとなりの家の娘さんもそうらしい。よく捨てられている子猫や、木から落ちている小鳥のヒナを拾ってくる。それだけで、おばさんはその娘さんが好きだと言った。

家の猫は安全を保障されていて、飼い主の愛情を強く求める。外の猫たちは、それを求めることができない。

「せめて、おばさんのできる範囲で愛情を与えてあげたい。そう思ってやっているだけ」

俺はみんなを代表して、おばさんに礼を言った。

幽霊屋敷はユートピア

ここは、現世には珍しい「ユートピア」。

そうでいられるのは、幽霊屋敷の持ち主の寛大さと、となりの駐車場の持ち主の優しい息子さんのお陰だと、おばさんは言った。

駐車場にある家には、息子さんが一人で住んでいる。本宅はどこかほかにあるらしく、この家にいて駐車場の管理をしている。

だが、駐車場に車を入れる人から、猫に関する文句を言われ、立場上「困る」とおばさんには言うが、俺たちに対して手を上げたことは一度もない。

それとなく俺たち猫を守ってくれ、おばさんの安全を気にしていてくれる。おばさんが自分の母親と同じくらいの歳だからかもしれない。

優しい息子さんだ。おばさんも俺も、今にきっと同じような優しい伴侶に恵まれて幸せ

になるだろうと思っている。

おばさんが、上高地も昔はユートピアだったと言った。

上高地は、昔は「神河内」といい、島々《しましま》集落の人たちが、夏の放牧の地としていたのだそうだ。

夏のアルプスの雪解けの水を集めて流れる梓川を中心に、帯状の平野が山間に繰り広げられ、四方を山の城壁に囲まれて天然の要塞を成しており、またとない神の囲いの地として崇《あが》めていたらしい。

それを、スイス人のウエストン氏が、島々から徳本《とくごう》峠越えをして上高地に入ったところ、目の前に聳《そび》える穂高連峰の素晴らしさに目を瞠《みは》り、その穂高連峰から槍ヶ岳に連なる一角に、自分の故郷アルプスと同じ名前をつけたそうだ。

それ以来、穂高、槍ヶ岳などは「日本アルプス」として、日本第一級の山に名を連ね、その玄関口として上高地は世界的に有名になった。しかし島々集落の人たちは、それから上高地はユートピアではなくなったと言っているそうだ。

機敏かつ用心深く

おばさんは、小さなセキセイインコにも、いろいろ性格があると言った。ペパーミント色をした「ペミ君」という雄は、実に鳥格者（人格者）だったそうだ。ライラック色をした「リラチャン」と、つがいだった。

ほかのインコたちは、雄も雌もみんなペミ君が好きで、ペミ君のそばにいたがって、リラチャンに「どいてよ！」と、つつかれていた。

連れ合いを亡くし泣いている子の傍らには、いつもペミ君がいた。誰とも争いをしたことがなかった。だから人間もみんな、ペミ君が好きだった。インコはみんなが「手のり」でかわいかったという。

猫にもいろいろ性格がある。雄の「ヒカエチャン」は、いつも雌の「公園チャン」の後ろに控えていたし、雄の「イツノチャン」も、いつも雌の「チャコ」のそばにいつのまに

か付いていた。二匹とも淋しがり屋で弱い子だった。

ヒカエチャンはキクチャンの子供だけに、おばさんは何回も「バシッ」と手を叩かれたが、公園の木の上に一匹だけでいる公園チャンのそばに付いていてくれた。二匹ともいっしょに「猫さらい」に連れて行かれたが、今でも天の彼方で、公園チャンを護衛してくれているに違いないと、おばさんは言った。

イツノが、ひどい目に遭わされた。信じられないことだが、窓からお湯をかけられたのだ。以前に俺も、おばさんの家の近くで石を投げられた、複雑そうな目をした人にだ。あの人は常識が普通の人と違う。その常識で、自分が大嫌いだという猫にあたるから、猫の方はたまったものじゃない。

となりの家の猫がベランダに入ってきたのを「不法侵入」だと理屈をこねて、何時間もベランダに閉じ込め、病気にさせたくらいは朝飯前。残虐の程度が普通の人と違う。猫にも感覚も感情もあるということが、分かっていないようだ。

おばさんは、イツノのあまりの痛々しさに、「串刺し公ヴラド（吸血ドラキュラ）」みたいだと怒っていた。おばさんが薬を飲ませてくれたりして、看病してくれたお陰で快方に向かったが、一時は危なかった。

イツノの動作がゆったりとしていることが災いしたようだ。野良猫は機敏じゃないといけない。

チャコは、階段を下りてくる人の足音がよく判っていて、自分に危害を加える人の足音だと、パッと逃げる。何もしない人の足音だと、そのままいる。おばさんの足音だと、自分の方から登ってゆく。利口な猫だ。

チャコとイツノは団地の中の猫で、朝のごはんは近くの一軒家で食べていた。二匹とも公園に出入りしていたのに、チャコだけ猫さらいの手を逃れたのは、チャコの用心深さゆえだろう。野良猫としてやっていくためには、用心深さも欠かせないのだ。

猫おねえさんと猫おばあさん

私立大学の方で野良猫に餌をあげている「猫おねえさん」が、大学の人に「こんなところで猫に餌をやるな」と、どなられたと言ってきた。

野球場であげていた「猫おばあさん」も、あまりのいやがらせのひどさに、「もう歳でそれに立ち向かう力がない」と止めてしまったし、団地の中でおばさんと反対側であげていた人は、苦情でたたかれて、病気になり入院してしまった。

浄水場の方で「猫とびだし注意」と立て看板をかけてまで餌をやっていた人は、あまりの文句の多さに疲れ果て、野良猫たちを自分の家の中に入れてしまい、今は家の中に猫が十五匹いるという。

苦しんでいるのは、おばさんだけではない。野良猫を救おう思っている者は、みんな重いものを背負っている。

「野良猫を排除すべきだ」とうたい上げる人たちがいるが、野良猫は元は「捨て猫」だったはずだ。「猫が嫌いな者もいる」という旗印のもとには何人《なんぴと》も従うべしと強気で押してくるが、その前に人間として責任をとることも考慮すべきではないだろうか。猫だって、好きで「野良猫稼業」をしているのではないはずだ。

俺は、そうだそうだと同意した。

俺はおばさんといっしょにその「猫おねえさん」や「猫おばあさん」に、「負けないで、ガンバッテ」と心の中で声をかけた。そして、頭を下げた。

ハーメルンの笛吹き？

雌猫の「ビシン」は、実に頭が良い子だ。頭が良いゆえに猫さらいからも免《まぬが》れた。ビシンは黒地に少し白があり、顔の真ん中に白い毛の筋が一本通っているのが、猫科のハクビシンに似ているからと、その名がついた。

自分が産んだ子でもないのに、「影」を育てた。その影が猫さらいに連れて行かれた時、ビシンは何日も泣きながら探して歩いた。おばさんは、つらくてそれを見ていられないと言った。ビシンはゲッソリとやせ衰えた。何日も飲まず食わずで探し歩いたからではないだろうか。

おばさんが一言、「ここで待っていてね」と言ったら、それから毎晩その場所で、おばさんが来るのを待っている。そこは上に雨をさえぎる覆《おお》いもない場所。雨が降るとビショビショになって、全身、濡れ鼠のようになりながら待っている。

だからおばさんは、雨の日には傘を三本くらい持って出かける。せめて食べる間だけでも、濡れないようにと。

ビシンは長毛種《ちょうもうしゅ》で毛が長い。毛が長いからフサフサしているように見えるが、アンダーコートがない。地毛がないのだ。短毛種のほうが地毛があって、すき間なく毛が密生している。

だからビシンは水に濡れると、かわいそうな状態になってしまう。ビシンはあまりに一途で、健気で、裏切ることはできないと、おばさんは言っている。

動物は「体内時計」を持っている。俺たちは、人間の時計の針を読むことはできない。だが、朝の五時といったら五時なのだ。夜の七時といったら七時なのだ。日が短くて早く暗くなっても、日が長くてまだ明るくても、間違えることはない。

ビシンはそれが一番正確だ。俺は時々ビシンに「今、何時？」と聞く。

だからおばさんは、その体内時計を狂わせることのないように　できるだけ時間に正確に来るようにしていると言っていた。

「でもねえ、さんちゃん。おばさん、気にしていることがあるの」

と、おばさんは心配そうに言った。

「夜になると、闇に溶け込むような保護色の服を着て、重そうな袋を持ってウロウロしているでしょ。いなくなった猫を探して、目を血走らせながら藪をかき分けているでしょ。何回も同じ場所を行ったり来たりしてるでしょ。いまに、挙動不審な女の人がいると警察に通報されやしないかしら」

「大丈夫だよ、おばさん。おばさんの周りにはいつも猫がいて、歩くにも後になり先になりして付いて歩いているから、すぐに『猫おばさん』だってわかるよ」

「ハーメルンの笛吹きみたいね」と、おばさんは首をかしげていた。

俺の慰め方は、ちょっとまずかったかなと思った。

好物も猫それぞれ

猫にも、おしゃべりな猫と、無口な猫がいる。
ヒカエは、よくしゃべった。「ニャーゴ、ニャーゴ」とよく鳴いた。それに比べてイツ

ノは、「ウン」とも「スー」ともいわなかった。おばさんは、一度もイツノの鳴き声を聞いたことがないと言っていた。

食べ物の好みも、それぞれ違う。ヒカエは魚のアジが好きだった。イツノはカツオのなまり節が好きだった。ミケは焼き魚が好きだし、クミは煮干しなど歯応えのあるものが好きだ。

おばさんは、病気の子がいると、早く元気になるようにと、その子の好きな物を持ってきてくれるのだ。ヒカエの具合が悪いと、俺たちも毎日アジのご相伴《しょうばん》にあずかったし、イツノの体調が悪いと、毎日なまり節がごはんの上に乗っていた。

みんなが好きだったのは、マグロだ。だからおばさんは、病気の猫にマグロを一番多くあげる。

だが、病気で死んだりいなくなってしまったりすると、その子が好きだった食べ物を見るとその子を思い出して、胸が締めつけられるようだと言っていた。

猫は、生クリームも、カスタードクリームも、小豆《あずき》のアンコも、クリームシチューも好きだ。チーズもバターも食べるし、卵も好きだし、さきいかには目がない。むかしの猫に定番の「おかかごはん」はあまり食べなくなってきている。

おばさんの孫など、カッパエビセンを猫の前に置いてあげていたそうだ。

猫もだんだん雑食のタヌキなどと同じようになってきているのだ。生ゴミを散らかすカラスのお鉢を猫にも持ってくる人たちもいるが、今式の野良猫はいくら雑食になってきているとはいえ、あまりそのようなことはしない。野良猫のプライドとして、ぜひ言っておきたい。

タヌキは時々、公園の方にも出て来る。そしておばさんを見ると、親しげにそばに寄って来る。おばさんはタヌキにまで顔を覚えられ、親愛の情を見せられるとは思っていなかったと言っていた。おばさんの方はタヌキの顔を覚えられなくて、申し訳ないがどの子かよくわからないそうだ。

タヌキの好物もなかなかつかみきれない。

「公園は犬が多くて危ないから、さあ、早くおうちへ帰りなさい」

おばさんはタヌキにそう言い聞かせていた。

藪蚊や寒さよりつらいこと

ビシンは、誰かが避妊手術をしてくれたらしく、耳にピアスをつけている。もう避妊手術は終わっているという印だ。

おばさんは、チャコにはかわいそうなことをしてしまったと言った。

チャコが一度、同じ茶トラの柄の子猫を連れてきたので、チャコの避妊手術を獣医さんに頼んだ。ところがお腹を切ってみると、チャコは既に手術をした後だった。

「二度も痛い思いをさせてしまって、ごめんね」と、おばさんはチャコに謝っていた。

ビシンのように耳に印をつけていないと、こういう間違いが起こってしまう。

おばさんは、ビシンといい、チャコといい、ほかにも猫のことを気にして避妊手術をしてくれている人がいると分かり、嬉しいと言った。

一人でたくさんの猫の手術の費用を負担するのは大変だ。こうしてたくさんの人が受け

持ってくれるようになれば、かわいそうな野良猫が減るだろう。

おばさんは、夏は藪蚊よけの携帯用の電子蚊取りを二個もぶらさげて来るが、毎晩十カ所ぐらい食われていた。日本脳炎によくならなかったものだと言った。でも、すっかり蚊ノイローゼになってしまった。

冬は、カイロを二個もポケットに入れて、いっぱい着込んで出かける。それでも吹きさらしの公園は寒くて震えていた。

そして、もっとつらかったことは、猫がいなくなってしまうことだと言った。

切なくて、悲しくて、苦しくて…。野良猫に係わらなければ…という「心の葛藤《かっとう》」ってやつが生じることも何度もあったようだ。

おばさんがつらさを我慢しているのは、俺たちも分かっていた。

深い澱《おり》の中に沈んで、食事をしても砂を噛んでいるようで味がしない。テレビを見ていても話の筋がよくわからない。クシャミをしても咳をしても、何かきっかけがあると、ドーっと涙があふれ出る。

一匹の猫がいなくなっただけで、そんな日が何日も続く。おばさんの小さな体は、悲しみと苦しさで押しつぶされそうだ。

おばさんはある時、事情をよく知る友達にこう言われたそうだ。

「あなたが猫を選んだのではなく、猫があなたを選んだのよ。あなたは猫に選ばれた人なのよ」

神の住むところ

おばさんの好きな山の話をもう一夜。
上高地にある明神池《みょうじんいけ》も、神から選ばれた場所という印象だったと、おばさんは言った。
北穂高岳、前穂高岳などから下りてきた山男たちが、雷鳥《らいちょう》がいるという「ガラ場」を越えて、涸沢《からさわ》、徳沢キャンプ場を抜けて、明神池にたどり着くと、一様にホッと気持ちが和むそうだ。
妥協を許さない、険しい山での緊張が、この明神池で解きほぐされるからだ。そのために神はここに明神池を置いたのではないか。

釣り橋を渡って梓川を越えると、明神池のそばに、上高地の案内人として一生を終えた「嘉門次《かもんじ》の小屋」が昔ながらの面影を残して建っている。屋根は藁葺《わらぶき》で、粗末な丸太を重ねて作ってある。

横には、穂高神社の奥社があり、緑の小立ちの中に朱色の鳥居と白い注連縄《しめなわ》が、一幅《いっぷく》の絵をなしている。

明神池は、一之《の》池、二之池、三之池と、三つの池に分かれており、最後は梓川へ、滝になって落ちている。

(※今は屋根葺きも変わり、池も土砂災害で二つになっています)

物音は何も聞こえない。しーんと静まりかえっている。小さな石ころ一つ落としても、ポチャンと水のはねる音が辺りに木霊《こだま》して響くほどだ。あとはときどき小鳥の声が聞こえるだけ。池の中に点々とある浮島には、シャクナゲの花が咲いている。

何とも言えない、幽玄な感じだ。崇高な気配が辺りに漂っている。本当に神が住んでいるような感じだったと、おばさんは言った。

昔をなつかしむように話すおばさんを見ていると、俺も、穂高や上高地っていうところに行ってみたくなった。

浮気も守りも命がけ

「ツバメ」という雄猫がいた。ツバメが燕尾《えんび》服を着ているように　いつも気取って格好をつけているからついた名だ。

ツバメは耳がピンと立って、髭がピンと張っていて、男前だった。自分でも、光源氏か在原業平《ありわらのなりひら》かと自負していた。雌猫は、みんな自分にほれるものと、うぬぼれてもいた。

一時は「花チャン」という小柄で可憐な雌猫と所帯を持ったのだが、花チャンが早死にすると、まだ花チャンが天国に行きつかないうちから、もうほかの雌猫にちょっかいを出していた。

花チャンが若死にしたのも、ツバメの浮気による心痛からではないかと、もっぱら猫仲間の噂だった。浮名を流すたびに、「かわいそうに、花チャンは今頃、天国で泣いているだろう」と非難された。

発情期がくると、俺のような老いた猫はさておき、血気盛んな若者はみな遠出して行った。おばさんが、この近くの雌猫にみんな避妊手術をしてしまって、ここでは目的が果たせないからだ。

もちろんツバメも出かけて行った。

発情期が終わると帰って来る猫が多い中で、ツバメは帰って来なかった。きっと、クレオパトラか楊貴妃《ようきひ》のような、いやここは日本だ、小野小町《おののこまち》にしておこう。とにかく美猫のそばにくっついて、帰って来ないのだろうと言われた。

一年ぐらい経って、そのツバメが病気で死んだと、風の便りに聞いた。看取る雌猫もなく、ひとりで死んだそうだ。淋しい死だった。

ツバメの己のなせる業とはいえ、俺は仲間だったツバメの死を悼《いた》んだ。

ここ幽霊屋敷で死んだら、誰かに看取られ、仲間たちが代わる代わる訪れて、その死に弔意を表したであろうものを。

俺は全権大使として、「モジャ」に弔問を頼んだ。

モジャは、毛がモジャモジャしているところから、モジャと呼ばれている。モジャは丸まっていると、どっちが頭でどっちがシッポか見分けがつかない。毛を持ち上げてみて、顔のありかを知るのだ。

以前、俺のテリトリーによその雄猫が侵入して来たことがあった。俺が縄張りの反対側に出かけていて、留守の時だった。

それを見たモジャは敢然と、自分より大きなその雄猫に立ち向かって行った。俺が駆けつけた時には、すでにモジャは血だらけになりながらも、そいつを追っ払った後だった。

夜にやって来たおばさんは、モジャを見て悲鳴をあげた。おじさんがすぐに車でモジャを医者へ連れて行った。モジャの傷はしばらくして癒えたが、その時に噛み裂《さ》かれた耳のギザギザは、一生、モジャの勲章として残ることになった。

モジャは若いがゆえに喧嘩《けんか》っ早いが、それは年とともにおいおい直っていくことだろう。賢い子だから、立派に俺の名代《みょうだい》を務めてくれるに違いない。モジャはツバメへの供え物の目刺しを一本くわえて出かけていった。

おばさんが、「いろんな猫がいる中で、さんちゃんは猫格者（人格者）ね。雄同士の無駄な争いもしないし、浮気もしないし、アネチャンは幸せだったね」と言ってくれた。

ちょっと照れるなあ。

群れのリーダーは名君たれ

幽霊屋敷の何十倍も広い大学の敷地にも、野良猫がいっぱいいる。そこの猫社会は二つの勢力に支配されていた。

「シーザー」と「家康」という名のボス。両方ともすごい名前だ。学生がつけたそうだが、俺なんか名前負けしそう。

シーザーは、真っ黒い雄猫。金色の目がランランと光っていた。立派な体格でいて、かつ敏捷《びんしょう》だ。

家康もまた、黒トラの大きな体で、俊敏だ。

両名は、何回も激突した。激しい死闘に、周りの猫たちは恐れおののいていた。繰り返し行なわれた闘いによって、二匹は、自分たちの力が互角であるということを悟った。それから後は、無益な争いを避けるようになった。道で行き会っても、相手を睨《にら》みつけたまま、黙って通りすぎるようになった。そしてお互いに、相手の領分には侵入しないようにしていた。

二匹とも頭が良く、悟りが早かったからだ。また、俺と行き会っても、闘いを挑んでくるようなこともしなかった。

シーザーは、同じような黒い雌猫と家庭を築いた。小柄な雌猫で、シーザーの三分の一くらいの大きさしかなかった。ふたりは仲が良く、いつもいっしょにいた。

シーザーは、小さい奥さんをいたわるように、歩幅を調節して歩いていた。強いだけではなく、優しさも持ち合わせていた。

当然、生まれた子猫たちも黒かった。親子で固まっていると、真っ黒い固まりで、どこまでがシーザーで、どこからが奥さんか、子猫たちはそのどこにいるのか、見分けがつかなかった。

ある時、群れの中の身のほど知らずの若い雄が、シーザーの奥さんに手を出した。体の小さい奥さんが、かわいかったのだろう。

それを知り怒ったシーザーは、その若い雄猫を半殺しの目に合わせた。相手も若くて力の強い雄だったが、所詮《しょせん》、シーザーの敵ではなかった。その若い雄猫は、その時シーザーにやられた傷がもとで、死んだ。

残酷なようだが、これは当然のことだ。こんなことを許していたら、群れを統制していくことはできない。俺であっても、やはりそうしただろう。

家康の部下が侵入して来た時もそうだった。シーザーは、群れの雌猫たちを庇《かば》って、侵入してきた三匹の雄猫たちに突進して行った。三匹とも耳をギザギザにされ、血だらけになりながら家康の陣地へ逃げ帰った。

それを見た家康は、シーザーに闘いを挑むどころか、その三匹の雄猫たちに向かって行って「お前たちが悪い」とやっつけた。家康もまた立派だった。

だが、そんなある日、家康がシーザーの縄張りの中で倒れていた。車ではないが、何か事故に遭ったようだった。

シーザーの領分への不法侵入ではあったが、シーザーは弱っている家康を、追い出しはしなかった。食べ物をくわえて行ったりして与え、家康を看病してやった。

元気になった家康は、自分の陣地へ戻って行った。

シーザーもまた立派だった。あの時、長年の宿敵である家康をやっつけていれば、シーザーは家康の領分も手に入れられたのに、それをしなかった。むしろ、塩を送ったのだ。

相手の弱みにつけ込むような真似はしなかった。

シーザーは、名前負けしなかった。名前通りの名君だった。

俺は、シーザーや家康を、尊敬する相手として意識して生きたいと思っている。

大学の敷地は広い。中には小さな猫村もいくつかある。ボスを持たずに、細々とやっている。

やがて家康は、自分の領分を後継者にゆずって、その小さな猫村に移って行ったそうだ。野良猫たちを存続させていくために、次のボスを育てていくことも非常に大切なことだ。家康は、それをやりとげたのだ。家康もまた、名前の通り名君だった。

俺はときどき考える。もし足が四本揃っていたら、どんなボスになっていただろうかと。たぶん、頭ではなく、力で支配しようとしていたことだろう。体にハンディがあるから、頭で考えるようになったのだと思う。

おばさんは、「さんちゃんは立派な名君よ」と言ってくれた。

美しいものが好き

おばさんの話は、いつもこうなる。

「あの華道家の生け花は見事ね。あの人は猫さまさまだから好き」

「あの俳優さんが亡くなったわね。あの人の写真にはいつも猫が四、五匹写っている。あの人はいい男」

「あの役者さんも猫のことをうちの大切な子供と言っているわよ。だからあの人のドラマは味があるのね」

俺は小さい声で、「病膏肓《やまいこうこう》に入《い》る」と言った。おばさんには聞こえたようだが、それでも笑って山の話をしてくれた。

おばさんが故郷の山を愛し、故郷の自然を恋しがる、そんな気持ちが野生で生きる生き物の共感を得るのではないだろうか。

おばさんが山の話をすると、俺たちは前足を組んでペタッと座り込んで、じっと聞いている。ねぐらに帰っていいタヌキまでが帰らずに聞いている。だからたびたび山の話をするのよと、おばさんは言った。

松本駅を降りると、正面に美ヶ原高原が見える。美ヶ原高原は標高二千メートル弱で、頂上は牧場になっており、牛や馬が自由に遊んでいる。その名の通り、美しい高原だ。

松本からだと一番手軽にキャンプができる場所で、美ヶ原高原にある三城牧場でよくキャンプをしたそうだ。

今のように頂上までバスで行くことなどなく、歩いて登った。

幼い娘二人を連れて、家族四人で松本の家から、今は亡きお母さんの作ってくれたおにぎりを持って行った。道は、歩道と車道のほかに「牛馬専用道路」などと区別されていた。昔は一面の牧草の中で、人間も牛も馬もいっしょだった。

歌人の若山牧水《ぼくすい》が、「空の天井が抜けたかと思う」といった通り、ストンと素晴らしい空が広がっていた。

松本から大糸線の電車に乗って、家族四人で木崎湖に行った時も、昔とずいぶん違っていて驚いた。昔はもっと静かだったそうだ。木崎湖より北にある青木湖など、恐いぐらいの静けさだったとか。

昔、エデンの園へ迷い込んできたヘビは、そこに広がる静けさに驚き、その無言で厳《おごそ》かなのに気圧《けお》されて、己の恥ずかしさに耐えきれず、丸く小さくなって、頭をその中に隠してしまったという。以来、ヘビはいつもトグロを巻いているというが、実際に、何だか自分がここにいるのが恥ずかしくなるような、そんな静寂が漂っていたそうだ。

埼玉と群馬に嫁いだ娘さん二人は、こうして松本に帰るたびに、あちこちの山や湖や川など自然の中へ連れて行ってくれたことが、良い思い出だと言ってくれたと、おばさんは嬉しそうに笑った。

信州には、そんな美しい自然がいっぱいある。

「自然も花も人の美しい心も、猫を愛でる気持ちも、美しいものはみんな好き」

おばさんは美しい声？　でそう言った。

木登り大騒動

「コチャが大変だー！」

俺はおばさんに知らせに走った。

コチャが高い木のてっぺんに登ったまま、降りられなくなってしまった。コチャは犬に追いかけられて、登ったのだ。

あの木よりは登りよさそうだから登ろう、このサルスベリの木は猿も滑《すべ》るくらいだから止めようなどと、ぜいたくを言ってる余裕などない。取りあえず一番近くの木に登ったのだったが、それがこの近辺で一番高い木だった。

コチャは犬の怖さから逃れようと必死になって、一番上まで登った。

犬が猫を追いかけるところと、猫が木に登ったのを見た人は、飼い主が犬を連れて行ったら、猫はそのうちに降りて来るだろうと思って何もしなかったそうだ。

それが朝だった。だが、犬がいなくなってからも、コチャは降りることができなかった。一日中、高い木のてっぺんで震えていた。夏の炎天下で、カラスに「おかしな猫」と、うさん臭そうに見られながら。

俺が知ったのは、夜だった。

夜、おばさんがやって来たのを見て、コチャは鳴いた。おばさんは俺の叫び声と、コチャの鳴き声で、木の上のコチャに気づいた。

さあ、それからが大変だった。大騒動が持ち上がった。

おばさんはコチャが降りだすまで一時間も、声をからしながらコチャを呼び続けた。ようやくコチャは少しずつ降りてはくるのだが、それがままならない。

俺たちもみんなで、ハラハラしながら、コチャを応援した。

コチャは背中は茶トラで、お腹は白い。いつも上から見ると、茶トラしか見えないのだが、この時は下から見上げるので、コチャの白いお腹がよく見えた。それが暗がりの中で、良い目印になった。

おばさんが、おじさんに助けを求めた。

おじさんがハシゴを持って来た。コチャはおばさん以外だと降りて来ないのだから、おばさんは「年寄りの冷や水」などと言ってはいられないと、ハシゴをのぼって木に登り、途中からコチャを抱き降ろした。

俺たちはみんなで、梅の花のような手のひらを上に向けて「ニャーゴ、バンザーイ」をした。

コチャは夢中で水を飲んだ。おばさんはコチャにこう言った。

「こわかったでしょ。でも、おばさんが信州の山猿で木登りが得意だったから良かったね」

クロ子が迎えに来た!?

おばさんが、不思議なものを見たと言った。

だいぶ前に伝染病で死んだ「小さなクロ子」を見た、というのだ。幽霊屋敷の入り口の階段の上に、クロ子がキチンと正座して、座っていたそうだ。

クロ子は、「おばさん!」と呼ぶように、かすかに口を開けた。

だが一瞬の出来事で、すぐにクロ子の姿は見えなくなってしまったという。おばさんはクロ子が大切だった。本当に大切だった。どんなに気にして、どんなに心配して、小さくて弱いクロ子の世話をしていたことか。

クロ子が生きているあいだは、こっそりと昼間も、クロ子の様子を見に来ていた。クロ子ゆえに、幽霊屋敷通いが始まったくらいだ。

クロ子が死んだ時、おばさんは、「クロ子ー、クロ子ー」と、お腹の底から絞り出すような声で号泣していた。こんなに早く死んでしまうのなら、家に連れて行けばよかったと、後悔の念に苛《さいな》まれていた。

黒い影がちらっと目に入ると、「ハッ！　クロ子」と飛んで行った。未練を断ち切ることができず、死んだとわかっているのに、懐中電灯を持って来て毎晩探していた。何年たってもクロ子を忘れることができずにいた。

「猫は魔物」と、西洋の昔話にもある。魔物、大いに結構じゃないか。だったらその魔力を使って、「一日だけでもいい、出て来て抱きしめさせて」と、ハラハラと泣いていた。

いったいに黒猫というものは、ただ黒いだけで、あまり顔の判別がつかない。写真を撮っても、どちらを向いているかさえ分からない。

おばさんの次女の所で飼っている「ケン太」も黒光りするほどのまっ黒い猫。ケン太が逃走して、しばらくして戻ってきたケン太を見た娘さんは、「これ本当に、うちのケン太？」と言ったそうだ。毎日見ていた飼い主でさえ、そうなのだ。

それなのにおばさんは、「あれは絶対、クロ子だ」と言ってはばからない。

俺もおばさんがそう言うからには、クロ子だと思う。おばさんが間違えるはずがない。

おばさんとクロ子は、心と心でつながっていたから。

俺は心配になった。クロ子がおばさんを迎えに来たのではないかと。

小さな体にみなぎる怒り

怪事件が発生した。

大学の近くで、猫が一晩に十匹近くも死んだのだ。

前日までその猫たちは、元気でピンピンしていた。何の病気の兆候もなかった。

悪意ある人間の手が加えられたとしか考えられない。何か害になる物を食べさせられたのだ。いわゆる「毒殺」というやつだ。それしか考えられないと、周りの人たちは言っていた。

それを聞いたおばさんは、激怒した。

人間は尊大で、おごり高ぶっている。そんなことをしてよい権限は、人間にない。

地球は人間のためにのみあると思っているようだ。地球の上には「ノアの方舟《はこぶね》」に乗り切れないほどの種類の生き物がいて、そしてそれが地球なんだ。

野良猫だって、生き物だ。命あるものだ。それを人間が勝手に左右するなんて、とんでもないことだ。

野良猫が嫌いだから、野良猫の数が多いから殺して何が悪い、と平気でそんな考えをする人が、いたいけな女の子の命を奪ったりするのだ。

おばさんは、小柄な身体いっぱいに怒りを漲《みなぎ》らせて、大学の方を睨んでいた。

俺は、それがやがてここにも及んで来ることを心配した。

おばさんは、今でも団地の中でも外でも、猫仲間との付き合いはある。もう十年若かったら、野良猫を保護する運動を大々的に起こしたことだろう。だが、いささか歳を取りすぎて、疲れてしまった。

「おばさんにできる範囲で細々とやっていくしかないのだろうか」と寂しげに言った。

こんなにも野良猫の命を軽く考えている世間の風潮を変えるのは容易ではない。

「おばさんは何て無力なんだろう。今こうして餌をあげて、わずかな野良猫を飢えから救ってあげることしかできないのだろうか」

ひしひしと身に染みてくるやりきれなさに、おばさんは涙をにじませていた。

負けられない、やめられない

ある日、こんな回覧が回った。

「野良猫に餌を与えないで下さい。公共の場の公園で、猫に餌を与えないでください。猫が嫌いな人もいます」

そしてこの回覧を拡大コピーして、公園のあちこちに張り出したり、おばさんが猫に餌をやる地面に置いてあったりした。「犬を放させないで下さい」という立札の注意書をぜんぶ剝がして、その上にも張りつけてあった。

怒った猫仲間のダンナたちが、この回覧を回した役所へ掛け合った。すると、こう言われたという。

「あの公園に対する苦情は、ほとんどが犬に対するものです。したがって、犬の飼い主のマナーの悪さに対する注意書を張りつけてあるのであって、こちらでは猫に対する注意書など張り出していません。だれかが猫のを張りつけたのでしょう」

こんな嫌がらせをして、良いものなのだろうか。俺は、おばさんが話してくれた、湖の龍神様に掛け合いたくなった。

おばさんが俺たち野良猫の世話をするということは、戦いの歴史だ。平穏無事だったことはほとんどないと言った。

時たま訪れる喜びの陰には、いつも悲しい出来事があった。ホッとする時の合間には、つらい出来事が隠されていた。

束の間の安寧《あんねい》にも息をつく間もなく、厳しい野良猫のニャン生（人生）に直面させられた。片時も気を抜くことは、許されなかった。

「今日もがんばってくるぞ！」

おばさんはいつも気合いを入れてから出かけると言っていた。全身が闘志の塊のようになって、「負けるものか」と言い聞かせながら出かける。負けたら猫たちの上に死が訪れるから。

おばさんは、猫のことで十年以上もいじめに遭っている。これからも延々と続くことだろう。この冬は、苦しさにギューと歯を食いしばっていたら、歯が折れてしまった。

「でも、さんちゃん。おばさん負けないからね」と、苦しそうに言った。

おばさんの壮絶な年月は、体力的にも気力的にも死力を尽くしたものだったことは、俺が一番よく知っている。

「野良猫と関わって良かった。いっぱい教えられた。いっぱい考えさせられた」

と、おばさんは語った。

俺は、ただただ頭を垂れるしかなかった。

猫おばさん、ありがとう

俺は、縄張りを見廻りに行かなければいけないなと思いながらも、こうしてウツラウツラとまどろんでいることが多くなった。

日がな一日中眠っていることがほとんどだ。「猫」じゃなくて「寝子」だ。おばさんが来た時だけ起きてゆく。

おばさんに、「さんちゃん、食べなくなったね」と言われた。以前は、雌猫の三倍くらい食べた。おばさんは一匹ずつの分を包んで持って来てくれるが、俺の分の包みは、ボールのように大きかった。それが今では、一番小さい。

おばさんは俺の好きなものを知っていて、食べやすいようにマグロを細かく刻んだり、なまり節を小さくほぐしたりして、一生懸命に食べさせてくれようとするのだが、どうにも食べられない。

数えるほどしかいなくなってしまった猫たちは、心配して代わる代わる俺の傍らにいてくれる。舐《な》めてくれたり、頭をこすりつけたりしてくれる。

みんなかわいい、良い子たちだ。できることなら、いつまでもこの子たちを見守り続けてあげたい。

俺は、大きなため息をついた。

俺も、ついに限界にきた。

まだ残っている猫たちが気がかりだが、もう無理のようだ。

猫たちには前々から別れを言っておいた。猫おばさんにも「ひと足先に行く」と告げた。おばさんは涙をポロポロと流しながら、「おばさんが行くのを待っていてね」と言った。

俺たち野良猫は、周りに迷惑をかけてまで生きることは許されない。自分で自分の身を処することができるうちに、死んでいかなければならない。

俺は俺の生きてきたこの辺りを、ゆっくりと見まわした。そして周りのものすべてに別れを告げた。

俺はゆったりと、幽霊屋敷の押入れの穴の開いた所から縁の下に移り、一番奥まで行って、くずれるように横たわった。

目を閉じると、アネチャンや仲間たちとの楽しかったことが浮かんできた。みんなでセミやトンボや蝶々を追いかけて遊んだことや、タヌキやガマたちとの語らいも思い出された。

幾度となく巡って来た美しい春や、情熱的な夏や、もの悲しい秋や、命を脅《おびや》かす厳しい冬の中で、恋や喧嘩や、そしてまた友情を繰り返してきたことなどが、次々と思い出された。

そして猫おばさんとの出会いや、おいしかったごはんのことも浮かんできた。足を失った事故のことや、伝染病や、猫さらいや、毒殺などの、思い出すのもつらい出来事も去来した。

俺は、頭をかすかに動かした。

もう目を開けることはできなかった。

アネチャンが死んだ時も、月の光の明るい夜だった。今夜も満月だ。

俺は「かぐや姫」ならぬ「かぐや殿」として、月の光に導かれて、天に昇って行こう。

アネチャンは、もうそこまで迎えに来てくれている。アネチャンの姿が、よく見える。

薄れてゆく意識の中に、おばさんがピアノで弾く、早春賦のメロディーが聞こえてきた。

俺は最後につぶやいた。

「猫おばさん、ありがとう」

完

著 者:中川智保子(なかがわ ちほこ)
カバー・扉デザイン:松岡史恵
カバー・本文イラスト:森田あずみ
(p17,24,29,32,34,37,38,42,56,58,60,68,75,78,82,84,86,88,90,95,98,100,102,104,108,112,114,116,121,123,125,127,135,137145,148,150,152,154,158,160,166,168,174,177,179,181,184,189,192,196,198,201)
帯・本文イラスト:中埜かのこ
(p1,5,7,9,11,20,22,26,40,44,49,51,53,62,64,66,97,106,110,118,139,142,162,164,170,172,187,194,204)

猫おばさんのねがい

平成19年2月17日 第1刷発行

著 者 中川智保子
発行者 日高裕明
発 行 株式会社ハート出版

〒171-0014
東京都豊島区池袋3-9-23
TEL.03-3590-6077
FAX.03-3590-6078

ハート出版ホームページ
http://www.810.co.jp

定価はカバーに表示してあります

印刷・製本/中央精版印刷

ISBN978-4-89295-552-5 C0036

ドキュメンタル童話・猫のお話　本体1200円

有珠山噴火・動物救護センターの「天使」

空から降ってきた 猫のソラ

●北海道子どもの本を選ぶ会選定図書

被災した動物たちの面倒をみていたボランティアの人たち。疲労からぎすぎすしだした人間関係をほぐしてくれたのは、カラスが落として行った赤ちゃん猫だった。

今泉耕介・作

たった一度だけ抱きしめられた猫の一生

忘れられない猫 おさん

飼い猫なのに家人にもなつかず、おどおど、びくびくしながら、床下と土間を行ったり来たり。床の間にさえ上がれず、カマドの灰にうずくまって眠る「灰かぶり猫」。哀しくて、愛おしくて、切ないお話。

鈴木節子・作／画

プロゴルファー杉原輝雄さんを支えた小さな命の物語

前足だけの白い猫 マイ

●日本図書館協会選定図書

杉原さんが犬と散歩の途中で助けた小猫は、後ろ足が動かず、トイレもひとりでは無理な猫だった。そんな障害があっても家族の一員となって、杉原家に勇気と愛を与えてくれた。

今泉耕介・作

片側2本足だけで生きる恩返し

人の生き方を変えた猫 ひふみ

●青森県推奨図書

第1回キャッツ愛童話賞グランプリ作品

交通事故で足が砕けたノラ猫を助けた主婦は、安楽死の道を選ばず、命を引き受けた。新聞に載って共感と励ましの手紙がいっぱい、その後の物語。

三津谷美也子・作

ドキュメンタル童話・犬のお話　本体1200円

ある校長先生一家と過ごした十八年

老犬クー太 命あるかぎり

高齢化するペットをテーマに放送され感動を呼んだNHK番組の童話化。目が見えず自力で歩けない愛犬の目となり手足となる家族。懸命に生きる柴犬と介護する人間の姿に本物の「家族の絆」が見える。

井上夕香・作

一匹の犬が町を動かした！

ごみを拾う犬 もも子

雄大な自然を守るため、ごみを拾い続ける住職さんともも子の「二人三脚」。「ごみポイ捨て禁止条例」制定のきっかけになった犬の物語。マスコミで多数取り上げられ話題に。第9回わんマン賞グランプリ作品。

中野英明・作／写真

難病のキヨくんの「妹」はレトリバー

こころの介助犬 天ちゃん

てんかんの発作でいつ倒れるかもしれないキヨくんは、ヘッドギアをして、天ちゃんと散歩します。ふたりとも言葉は話せませんが、心でいつもお話をしています。女優・石井めぐみさん推薦。第7回わんマン賞グランプリ作品。

林優子・作／写真

みんなに愛された奇跡の柴犬

帰ってきたジロー もうひとつの旅

「平成の名犬」22才で永眠。主人の家を求めて70キロ、2年間の奇跡の旅から17年。マンション問題や阪神大震災、ボケとのたたかいを武内さん一家とともに生き抜いて、生涯の旅を終えるまでの感動の日々。

綾野まさる・作　日高康志・画